ちょっとむかしの酒蔵の旅

古山新平の日本縦断蔵めぐり

古山勝康〔新平〕著

雄山閣

永年の友 小柳才治に

越後村上・松浦家にて。　小柳才治氏（左）と著者古山（右）

まえがき

さいきんお酒の本を二冊かきました。南極の酒と食と自然をかいた本をいれれば正確には三冊となります。

これら酒の本は、じぶんで云うのもヘンですが、すこし変った内容の本で、陰性・陽性という物の性質をベースにして酒や食やひと、云い替えれば摂る側と摂られる側のかんけいをかいた本なのです。このわが日本独有の食作法を「食養《しょくよう》」〔※24〕と云います。

しかし、それらの本が上梓された今になって、しみじみおもうことがあります。

それはお酒というモノとはじめてであった五十年もむかしの少年のころは云わずもがな、食養というかんがえかたにだんだんとふかく染まっていく三、四十年まえ、そのころのじぶんは酒というもののおいしさやフシギさにもっと素直に純粋に感動していたのではなかったろうかと……。

そんなよしなし事をつらつら憶っていたとき、むちゅうになって全国の酒蔵行脚・蕎麦行脚に明け暮れていた時代に、その感動に促されるママにかき散らした蔵繞《めぐ》りの文章が篋底《きょうてい》に眠っていることを憶いだしたのです。

取りだしてよんでみました。案の定というべきか、やはり感動のタレ流しです。しかし表あれば裏ありです。そのよい処もみつけてあげなければいけません。さいわい見たり感じたりしているところや云っている事もそうおおきなマチガイはなさそうです。

なかでも文中さかんに述べている「風土と人」というかんがえかたは、劈頭《へきとう》にのべた三冊の酒の本の主題のひとつをなす「身土不二《しんどふじ》」（ひととその棲む土地〈の産物〉はひとつ）にちょくせつ繋がるものをもっています。まだ未熟で整理されていないだけです。

そこで、とりあえず清書してみることにしました。しかしなにしろ三十年もまえの文章です。お蔵の環境が変わった処もありましょうし、蔵元さんの代替りもとうぜんおきておりましょう。あるいは失礼ながらお亡くなりになられたかたもあるやも知れません。むろんお蔵の造り酒の名前や内容の変化はあってとうぜんとおもいます。ここで変化のあったところだけでも新しい資料や情報をもとにかきかえるべきでしょうか？

しかしこのもんだいはすぐに解決しました。やはりかかれたとうじのママ、そっくり残すことにしたのです。

そのようにした理由《ワケ》はふたつあります。ひとつは云うまでもなく、そのとき感激し、またこころ動かされたのは蔵元さんはじめそのとうじの人びとでありそのときの酒たちなのです。

そしてもうひとつには、すこし大上段に構えてみれば、環境もひともすべての存在が変化し遷《うつ》りゆくのが世のさだめだとすれば、その変化の方向を見定めるためにも、とうじの状況やこころのうごきをかき留めておくことはあながちムダなことではないかもしれません。したがって、文中に登場くださった方がたの役職、また年月や数値数量などはとうぜんそのときのものです。蛇足ながら酒蔵さんの最新の情報など、いまはコンピュータの検索でたやすく入手できるのではありませんか?!（巻末に各蔵のさいきんの情報をかんたんに纏《まと》めておきました）

さて、蛇足ついでにすこし附け加えたいことがあります。文中の「南極酒」（南極の酒）「44場南極銘吟醸」など筆者が第二九次南極地域観測隊・あすか基地越冬隊員として南極の地に持ち込んだ四四場の酒蔵の総リストやそのときの状況などに興味をもたれたかたは、拙著『白い沙漠と緑の山河』（雄山閣）をご覧いただけるとさいわいです。

またこれも文中の「陰と陽」「食養」などの食作法原理をより詳細にお知りになりたいかたは、これも拙著『醇な酒のたのしみ』（雄山閣）『お酒をやめないで健康に生きる』（サンマーク出版）に聊《いささ》かの進展の跡がみられるかもしれません。

それにしても文中いくつかの箇処にふだん耳にすることのない酒造専門用語が頻出《ひんしゅつ》してよみがたいモノとなってしまいました。これはなるべく注をおおくいれて対処するつもりでおります（これについても巻末に纏めてあります）。

さいごになりますが、お気づきのかたもおられましょうが、「醇《じゅん》な酒のたのしみ」を宗とする筆者の文中になぜか吟醸酒がおおく登場するのです。これこそこの文のかかれた時代状況をすなおに映していると云えます。なにしろ吟醸でなければ酒でないという風潮が世に蔓延し、生酛《きもと》系純米酒〔※45・47〕の燗上《かんあが》りする旨さや玄《くろ》い米をつかった醇な酒のことなど、だれも歯牙にもかけぬ時代だったのですから。そしてとうぜんのごとく、とうじ筆者の撰んだ南極44場の酒も銘吟醸酒がそのたいはんを占めることになったというワケなのです。むろん南極越冬にさいして、燗して旨い純米酒をケの日（日常）の酒として別に大量に用意することにもけして吝《やぶさ》かではありませんでしたが。

さてそれでは日本列島を北から南へ、ちょっとむかしの酒蔵繞りの旅へご案内しましょう。どうぞおつきあいください。

◆本文掲載写真の撮影は著者・古山勝康。〈その四　福島・国権の巻〉と〈番外編その一　蕎麦と清酒とフランス人〉をのぞき写真はとうじのもの。また「新平」はそのころ用いていた筆名。なお文中の〔※〕の附された用語については巻末の〈附録二　酒造専門用語纂〉をご参照ください。

（編集部）

ちょっとむかしの酒蔵の旅【目次】

カバー写真：
福島県南会津郡・
会津朝日岳の紅葉
撮影　古山勝康

その一　秋田・まんさくの花の巻

（平成五年二月八日）

まいとし四月の声をきくと堅雪《かたゆき》の山への鬱勃《うつぼつ》たる想いにこころ悩ませられる。スキーを着けてテント背おっての春の山旅から足の遠のいているここ数年、その山の呼ぶ声は年ごとに繁くなるばかりだ。

晩秋初冬、根雪になった山に降る雪はそのまま年を越し、降りつづく雪はますますふかく山の樹ぎを埋めてゆく。そのふうわりと積もった粉雪に乳まで沈《しず》もって彷徨《さまよ》いあるく黒くふかいタンネ（針葉樹）の森のスキーツアーもおもむきあるものだが、その粉雪が春になって気温の上昇とともにだんだんとザラメ雪となり、いよいよ山山は山スキー党の天下となる。そんなとき想い描く山はもうタンネの森の山ではなくて、きまってそれは山毛欅《ブナ》の森の山たちである。

太陽が燦燦と降りそそぐ春の山は、シャツ一枚になってもまだ暑いくらいだ。山ゆくものをいちにちでマッ黒に日焼けさすそんな陽光は、山の雪をザラメにし、それを朝夕の気温の低下がすっかり堅雪にする。山毛欅の木の根方にぽっかりおおきな落とし穴をあけてツアラーを驚かすのもこんな春陽のイタズラである。そして春の山のさまよいびとはこの雪洞をちゃっかりと一夜の宿りにするシャレっ気も持ちあわせている。

マンサク（万作）という落葉低木をごぞんじだろうか。堅雪とはいえそれはまだ、たっぷりの雪に覆われ、ようやく永かった冬もおわろうとする早春の山の斜面は、むろんどこも春の気配すらない。そんな山毛欅の林の雪のおもてから、なんの変哲もないほそい枯れ枝様のものが数本突きだしているのをみることがある。そのまだ葉も萌えいだすまえの小枝に、ちょっとめにはゴミがひっかかっているようにしかみえない薄黄色の縮れた塊がいくつもくっついてみえる。ちかよってよくよくみればそれは紛れもなく木の花である。この残雪の斜面に花などてんから期待していないワンダラーの眸《め》が、はじめの驚愕の念から醒めてあらためて注視するとき、それはなんとふかくもの想わせる可憐な花であろうか。それにしても、それはなんとつつましやかに密《ひそ》やかに咲く花だろう。酷しい冬のあいだの深雪の重みに堪えて、春の陽とともにいちはやく咲きだすこの「マンサクの花」は、あの一世を風靡した「おしん」ではないが、やはり東北の早春の山を代表する花ではあろう。

先ず咲きいだすから「マンサク」（まずさく）と名附けられたこの山の精は茶花として栽培もされ、「土佐水木」（ミズキ科の水木とは別物）や「日向水木」や「楓《フウ》」（台湾産。楓をカエデと読ませるのは誤用）とともにマンサク科に属し、漢名を「金《きん》縷《る》梅《ばい》」（誤用）という。ちかい種類に関西地方に自生する「紅マンサク」がある。なお皇紀二六〇〇年（昭和一五年）出版の北隆館版『牧野日本植物図鑑』に依ればいかのとおり。「和名ハ満作ノ意ニシテ満作ハ豊作ト同ジク穀物ノ豊稔ヲ云フ、此樹花盛ンニ発ラキテ枝ニ満ツレバ斯ク云フ、人ニ由レバまんさくヲ早春先用ノ義ニ取リシナリト謂ヘリ」云云。

「まんさくの花」という酒をきいたことがおありだろうか。この花木「マンサク」を酒銘にとった

「日の丸醸造」のお蔵が秋田県は平鹿郡増田町にひっそりとある。奥羽本線十文字駅がお蔵への下車駅である。増田とか十文字（ちいさい駅ながら特急もとまる）といってもあまりピンとこないかたのために申し添えると、それは横手市と秋田湯沢市の半ばにあって、附近は陸奥《むつ》・富士の林檎や肥沃な米の産地として名高い。云わずもがな豪雪地帯のどまんなかである。まちのはずれを雄物川の支流、栗駒山系を源とする皆瀬川が流れる。（東北の幅広山女魚《やまめ》をもとめてこの皆瀬川にいくど足をはこんだことだろう！）

白銀色の山形新幹線「つばさ」から特急「こまくさ」に乗り継いでその十文字の駅に降りたのは、二月のはじめ烈しく雪の降りしきる日であった。

一歩ホームに足を踏みおろしてその雪のふかさにまず驚かされた。それは予想していたふかさ（たぶん駅のホームは雪掻きが行き届いているだろうとの先入観から）をはるかにうわまわるものだった。ぐあいのわるいことに自由席の車両のドアは、ホームの屋根からかなり離れたところに開くのだ。乗客の先頭で飛び降りたのだから、屋根のあるところまでずいぶんとラッセル（？）せねばならなくなった。前日まではご当地もご多聞にもれずの暖冬で雪消《ゆきげ》が盛んだったというのに。

こんなワケでまず雪ふかき里との第一印象からこんどの旅ははじまった。

１６８９年（元禄二年）の創業になる日の丸醸造はとちゅう大正期の改組をへて、いっときの廃業ののち、戦后の昭和二三年現社長佐藤光男氏が基本石数三百石で再出発したという。そして現在二千五百石余りを醸出するさほどおおきからぬ地方蔵である。

その「まんさくの花」のお蔵はやはり期待していたとおりに、暖冬とはもうせ軒まで雪に埋もれてあった。

空気の清浄化、断熱の作用と雪のご利益は理屈で判ってはいるものの、そんなりくつをこえてやはり造りの時節に訪う酒蔵は、雪氷室《ゆきひむろ》であってこそなぜか安心する。これぞ清酒の古里との感にうたれるのだ。

「まんさくの花」はわがなつかしの南極の酒のひとつである。残雪の山に咲くマンサクの花のこころをおもわせる、そのひかえめなでしゃばることのない床《ゆか》しいこのお蔵の造り酒の味香は、南極一年半の越冬ちゅう、あるときは荒ぶれ、あるときは鬱鬱と沈みがちな隊員たちのこころをなぜか穏かにもし落ちつかせもするものがあった。

まんさくの花　麴室で麴の手入れをみつめる佐藤光男蔵元

そんな日の丸の酒を造る千葉孝英杜氏《とうじ》と佐藤光男蔵元とともに仕込み蔵にはいった。その瞬間からあるつよい感懐にとらわれた。それはこのおふたりが揃って酒の蟲《むし》、それもおたがいに意気投合しあった酒造りのムシであるという感懐であり、傍目《はため》からもひしひしと感じられるそれはつよいオーラであった。

ちなみに南部杜氏の最長老格のおひとりである千葉孝英杜氏はお齢のために惜しまれながらいっときは引退を決意されたけれど、それを引き継いだおなじ南部杜氏さんではどうし

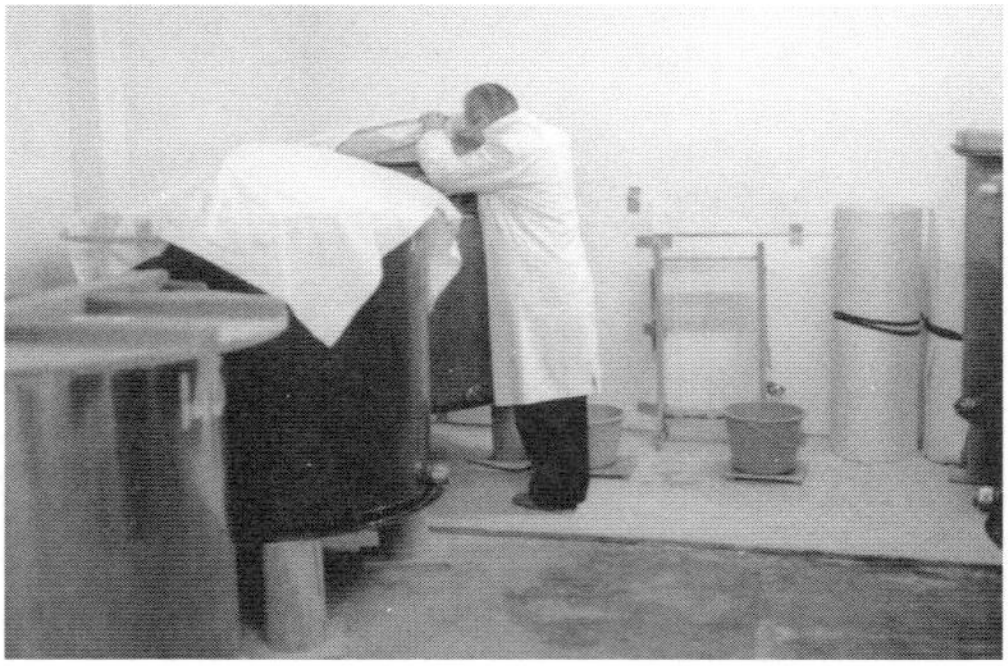

酒母タンクの状貌を確認する佐藤蔵元

ても蔵元の納得できる酒ができず、また無理をいって日の丸のお蔵に復帰してもらったという。それを語る佐藤蔵元の顔に、さすがに安堵のいろは隠せなかった。

さて、ひろからぬ仕込み場の普通もののタンクの前后に三本ずつの吟醸酒用のサーマルタンク〔※17〕が並ぶ。その一本いっぽんの状貌に見入るときのおふたりの真剣な眸《め》の輝き。そのふつふつと涌く醪《もろみ》〔※46〕の音に耳を澄ます他人《ひと》を寄せつけぬ厳しい顔貌。粛として襟を正さずにはおかれない雰囲気があたりを圧していた。

そのなかのとある一本のタンクがおふたりにとって、ことに気になり、また気にいったもののようであった。それはゆくすえ山廃《やまはい》〔※47〕大吟醸になるはずの醪であった。その仕込みはもう落ち泡〔※6〕の時期となり、ちいさな泡が立ち昇るのみで、その液面には静謐《せいひつ》のおもむきがあった。

この醪の状貌をみつめながら佐藤蔵元はひとことぽつりと呟いた。「いい面《ツラ》をしている」と。それがどうしていいツラなのか一瞬理解できずに蔵元に問いかけてしまった。蔵元は静かに答えた。「よく醪をごらんなさい。ちいさな泡に混じってときどき不規則におおきな泡がふわっと涌きだすでしょう。これがよく仕込まれた最高の出来の醪の証拠です。」

このとき、佐藤光男蔵元の眸《め》は厳しさこそ薄れはせぬものの、それはどうじに愛しきものをみつめる慈愛の眼差しそのものだった。見よ！　いままさに涯方《かなた》に涌きいでて此方《こなた》に消ゆる、ふうわりと生まれてはひそかに滅するこの神秘の泡沫を!!

その二　山形・栄光冨士の巻

（平成三年十二月十九〜二十日）

年の瀬もつまったある暮れつかた、霙《みぞれ》まじりの山形は鶴岡のまちにいた。新潟の村上からここ鶴岡へむかう途次、じつは山形へはいってすぐの温海《あつみ》で下車はしたのだ。さいきん味がいぜんに戻ったとうわさのお目当て、温海温泉の蕎麦処「大清水」は、しかし無念や本日休業日なのだった。これもいつものぶらり旅の性癖が裏目にでてしまった身からでた錆と諦めるしかなかろう。

そこでつぎなるめあて鶴岡市内は「三昧庵《ざんまいあん》」に足をむけたというワケである。その目的の店はゆうめいな「致道博物館《ちどう》」の敷地内にあり、あづまや風の洒落《しゃれ》た造りだが、この季節にはすこしく粋《いき》すぎてなんとも寒げなたたずまいであった。しかもきょうのような寒空にこのような店でつめたく締まった「もりそば」をすすろうというのだから、「蕎麦食い」のイキもこれではヤセ我慢が過ぎるというものか?!

しかし案ずるよりなんとやら、店内中央には大型のストーブが赤赤と燃え、この酔興な旅びとの杞憂を嗤《わら》っていた。

だが店内にはほかに客はいない。あるいはこのような立地、観光客相手のいつもの店の一軒かと、食すまえから一抹の不安がよぎる。だからこのような日のこのような時間には客のひとりもいないのだと妙な納得をしてしまう。

その女性が店内にはいってきたのは、注文の「相もり」（蕎麦切りと麦切りの相乗り）に箸を附けようかというときだった。暖かそうな綿入れを羽織ったそのひとが少女なのか女性とよべる年齢なのかは、視野の片隅をよぎったばかりで、しかとの判断はつかなかった。

しかしかの女は内暖簾を分けて奥へ注文を通すとすぐ前に座った。そこがストーブのそばでいちばん暖かかったから。その注文を聴くともなくきいていると、それはこの店のもうひとつの名物「麦切り」（饂飩・うどん）で、それを持ちかえりにするらしい。だがそのうどんをここで茹で上げてもらっているところをみると、このひと、すぐ近処のお嬢さんのようだ。そんなふうにおもうとこの店、あながち遠来の旅びとばかりが相手ではなく、あんがいここ鶴岡に棲む人びとにとても愛されている店かもしれないなぁ。

かのひとの視線に気がつき、箸を休めて顔をあげると（それまですぐ前に座わるかの女を殊更《ことさら》に見たワケではなかった）、そのひとは端正ななかにも優しみをかんじさすかおに微笑みを泛《うか》べてこう云った。「おそばがほんとうにお好きなのですね。おそばをじょうずにお食べになっているご様子からそれがとてもよくわかります」と。

ことばを交したのはたったそれだけだったけれど、そしていま口にしているのがつめたく晒《さら》した蕎麦なのに、胃の腑から胸にかけてほのぼのと温かく変わるのがわかるような気がした。

こんな些細《ささい》なできごとだったけれど、ここ鶴岡のまちにみょうに近しいきもちを抱《いだ》くようになった

大山酒　栄光冨士のお蔵元

じぶんに少少当惑しながら、それでもなにかシットリとしたこころもちで待ちあわせの鶴岡駅に向かった。そこにはこの旅の目的・市内大山に拠を構える「冨士酒造」の若きご子息加藤有慶さんが待っていてくださるはずだった。

山形県鶴岡。ここは大穀倉地帯庄内平野のヘソ。また霊場「出羽三山詣で」の玄関口としてしられる。しかしひとりのやまのぼりにとっては月山や鳥海山、なかんづくかの朝日連峰の北の登山口としてとても身ぢかでまたなつかしい。市内を流れる赤川は上流で大鳥川に名をかえ、その源を連峰に抱かれた大鳥池に持つのだ。この大鳥池は岩魚も棲むが、あの「滝太郎」の怪魚伝説で人口に膾炙《かいしゃ》した処である。さてまたはなしの足が山のほうに向きだしたようだ。用心ようじん。

この鶴岡のまち、穀倉地帯の中心でもあるのだが、その豊かな米と気候の寒冷を生かして、おとなり酒田とともに古来酒造業の盛んな処だった。いまは鶴岡市に合併されたが目的地大山もむろんこのなかに含まれるのはいうまでもない。

というより、のちには鶴岡、酒田を圧倒し東北の灘《なだ》、あるいは大山酒として一世を風靡したものであった。「沖出し」と呼ばれた海運を利した他国出しは明治の時代までつづくのである。しかし時代は移り、いま大山の酒屋は「栄光冨士」「出羽の雪」「大山」「志ら梅」の四軒になってしまった。

栄光冨士　土蔵造りの蔵の内材はすべて総漆塗りの立派な欅だ。

蛇足ながら大山酒は明治のなかちかくまで菩《ぼ》提《だい》酛《もと》仕《し》込《こ》み〔※42〕で知られる「奈良造り」（僧房酒）で、諸白《もろはく》（麹米《こうじまい》も仕込み掛け米も精白米で造る）ではあったがいまだ濁酒だった。澄酒になるのは伊丹、灘の上方造りの技術の導入を俟《ま》たねばならなかったのである。

「栄光冨士」の蔵元は羽前大山の駅からは山の辺にはいる。お迎えの有慶さんの通った小学校がお蔵のすぐまえというのもなんとなく鄙《ひな》びて微笑ましい。

　冨士酒造は1778年（安永七年）の創業で現ご当主加藤有倫氏で十二代をかぞえる。

　加藤家は遠く祖先を尋ねると虎退治でゆうめいな加藤清正公にさかのぼるという名門。有倫氏は市教育委員会の委員長ほかを歴任するお忙しいかた。だからこのたびの蔵訪問もざんねんなことに行きちがいでお会いすること儘ならず、ご子息加藤有慶氏と取締役加藤政芳氏のおふたりが、万端のご案内を引きうけてくださった。（それにお美しい蔵元夫人が接待くださったことも忘れてはならない）

蔵内《くらうち》の見学でともかくまず驚かされるのは、そのたいへん頑丈でりっぱな蔵の造りだ。梁などの内材がすばらしく太く厚い欅なのも驚異だが、その材全部に本漆がしっかりとかけられてあり、それがていねいに磨き込まれて艶っぽく耀《かが》ようている。これだけでまず訪問者はこの蔵のなみなみならぬ歴史のみならず、いうてみればその造り酒の格調たかさまで想像してしまうことであろう。

南極の酒でもあるこのお蔵の造り酒の特徴をひとことで云ってしまえば、十号酵母〔※11〕（明利・小川酵母）の持ち味を遺憾なく発揮したことに尽きようか。ご案内のように十号酵母といえば東北型の（一説には青森・八鶴の蔵棲み菌という）低温長期型〔※29〕の酵母で、香りがたかく、酒質は酸のすくないためにやわらかくやさしい。酛立《もとだ》てに高温糖化酛〔※14〕をつかうこともあって、くどさのない、すっきりとしたやさしさは、その品のよい吟香とともに栄光冨士の酒を特徴づける。平成三酒造年度〔※23〕で昭和四二年秋から二五造りめになるという南部杜氏熊谷喜一郎さんもことのことを強調しておられた。熊谷さんは十号酵母生みの親、小川知可良氏の愛弟子という。そのため十号酵母への愛着が格別にふかいという。

その夜、お蔵のおふたりとともに鶴岡市内の海の幸処「いな舟」にて、加藤家ご自慢の玉帚《たまははき》の数数と庄内沖の海凝《かいぎょう》（海の幸の凝《こ》ったもの）たちとを堪能したとき、やはり十号酵母の品のあるやさしさと、栄光冨士のこころがすなおに身の裡に染みるおもいがあった。

この蔵の代表「古酒屋《こさかや》のひとりよがり」はよかった。純米吟醸「雪の降る町を」ももろんよかった。だいすきな「庄内誉」は云わずもがな、みな十号酵母のもち味が存分に生きていた。なかでも特別本醸造「ゆい」は温《ぬる》めの燗でかそけき吟香がたち、寒鱈や甘海老、なかんずく鮟鱇の白子混じりに、これもご当地の名産、冬の日本海の朔風と荒波にもまれて育つ「岩海苔」を散らした味噌仕立てにしっくりと溶けあい、よき酒はよき友の念が一入《ひとしお》裡《うち》にひろがるここちがするのだった……。

その三　福島・蔵粋《クラシック》の巻

（平成三年九月十九日）

会津喜多方は蔵のまち。むろん蔵といったってこのさい喜多方の名を広からしめた観光蔵のひつようはない。云うまでもなく酒徒にとっては酒蔵でしょう！

このさしてひろくはない盆地のまちになんと十二軒からの造り酒屋が犇《ひし》めく。観光蔵やラーメンのように知られたコトではないが、まさに喜多方は酒蔵のまちである。

喜多方は会津といっても、なつかしの南会津とは逆方向の北に偏したふるいまち。東、西、北とその三方を山に囲まれている。東は磐梯山、西は飯豊《いいで》連山、北は吾妻《あづま》連峰つづきの大峠を越えると山形の米沢のまちも遠からぬ。この大峠越えは現在国道121号線が通っており、会津側を米沢街道、山形県側を八谷街道とよぶ。悪路で聞こえたがげんざいは改良工事がすすんでいる。

そんな山に囲まれた都邑に十二軒の造り酒屋はこの時代おどろくべき事実ではある。この隔絶された山の都で（語呂合せのようだが、喜多方のすぐ西隣りに飯豊登山口でしられた山都《やまと》のまちがある）刻《とき》はゆっくりとながれたのだろうか。隔絶されていればこそ、盆地のまちに寄り添って棲む人びとがこのおおくの酒屋を愛し許したのだろうか。憶いを馳せればしみじみとしたきもちが湧いてくる。

むろん十二軒といってもそのたいはんは千石前后の小酒屋である。ただし松山町の「会津ほまれ」だけは五万石を造る県下の最大手蔵だ。あと北町の「夢心」が約一万石でこれに次ぐ。ほかの十軒はいま云ったようにどれも小酒屋の域をでない。

この地酒屋の蔵元の方がたにとってはこのような余処《よそ》ものの感慨などあるいは迷惑なことかもしれない。それかあらぬか、このまちの酒蔵は個性的な蔵がおおい。それぞれやはり、生きのこるための方策に必死のものがあることは、むしろとうぜんと云えよう。

このうち寺町にある「大和川」の「酒星眼回」は旨みのなかにもキリリと締まった辛口の純米吟醸だし、はんたいにメーター〔※44〕でマイナス20の超甘口の酒もめをひく。

上三宮町の「笹正宗」は純米酒にみるべきものがあるし、熊倉町の「米美川」はほんのり甘口の酸のすくない福島酒らしい酒だ。

「喜多の華」は千石に満たないほんとうにちいさな蔵だが、ふるい酒造道具をおおく残して手造りを駆使する真摯な姿勢に好感がもてる。中吟〔※33〕の造りに巧みなものがある。


さて、そんな酒蔵のおおい喜多方のまちにあって、しかもきわめて異色の蔵がある。それがこのたびの主題「蔵粋《クラシック》」を造る南町の「小原酒造」である。

蔵粋とかいてクラシックと読ませる。このネーミングから勘のよいひとはもう想像されたろう。そう、いまどき話題にのぼることのおおい「音楽酒」の蔵のひとつ、というより小原酒造の名誉のために云えば、この蔵こそ音楽酒の源流、濫觴嚆矢《らんしょうこうし》といって差し支えない。この技術は日本国特許庁のパテントを取得している。

しかし、醪《もろみ》にモーツァルトを聴かせて酒造りをしている蔵が喜多方にあるというはなしをはじめて

蔵粋
醪の涌きぐあいをみつめる小原公助氏

聞いたとき、「よき酒はよき友」であるこちらの反応が、とうぜんながらきわめて否定的なものだったのは云うまでもない。「風土と人」が持論のものにいわせれば、よき米や水のはなしならまだしも、こんな媚びた造りはてんから眉唾とあいてにもできなかった。バックグラウンドにクラシックを聴かせたとて、どうなるモノでもあるまいと。

しかし紹介者は引きさがらない。いちどちかくへ行ったなら味だけでも唎《き》いてほしいと。そこで気乗りはしなかったけれど、このまちのほかの酒蔵への途次、秋雨の蕭蕭と降りしきるなか、通りに面して小奇麗な門構えをみせる「国光」さん（ご当地ではこの名の酒銘のほうがよく通る）を訪うた。

ややしばらくで応対にでてきてくださったのが、この発明のご当人、専務の小原公助さんである。おはなしを伺うにつれてゆるゆるとさいしょの疑念は緩んできた。細面の学究肌でとてもまじめなお人柄とおみうけする。しかしまだまだ氷解からはとおい。

蔵をみせていただく。この時期甑起こし〔※16〕まえなので造りの様はみられない。したがって麹室《こうじむろ》や酒母室（酛場）をはぶいて醪タンクに直行する。

タンクを見あげておどろく。真一文字にずらりとならんだ、6kℓ入りの開放ホウロウタンク8本

醪タンクと上方はボーズスピーカー
これで涌きこぼれ防止の泡笠をつければ、高泡の時期には液面は
スピーカーに触れてしまうか?!

の、その一本いっぽんのすぐ真うえに、ボーズ社の高性能スピーカー#１０１が醪の状貌を見おろすように取り付けてある。

ＢＧミュージックなどと云ったのはとんだまちがいと判る。これでは醪が高泡〔※６〕になって盛りあがってくれれば、スピーカーは液面に接するばかりだ。これで朝夕いちにち二時間、周波数で20～２０００Hz、音圧レベル75～１００dbの大音響をひびかせるのだという!!

それでは小原さんはさいしょからモーツァルトを鳴らしていたのだろうか。聞けばそもそものはじめ、氏がまだ滝野川の醸造試験所にいたころのテーマが、醪に超音波を当てる研究だったそうな。そして蔵に還ってきてそのことを憶いだし、またぞろそのつづきをはじめようとかんがえるが、それにしても超音波ではひとの耳にきこえずつまらない。どうせなら音楽を聴かせたらどうだろうとおもいついた。それからクラシックはもとより、ジャズ、演歌など様ざまなジャンルの音楽を聴かせて実験を繰りかえした。そして結論としてクラシック音楽に効果ありと判明した。なかんずくモーツァルトに格段の効ありと。

クラシック音楽はジャズや演歌と比較して「倍音」が豊富に含まれ、倍音で構成された楽曲がおおく、この倍音に依る音刺激が清酒酵母の活性化に良好に影響したためだろうと結論づけている。しかしなぜモーツァルトかは、いぜん謎であるとも。蛇足ながらこれ以降、杜氏さんはじめ蔵人のすえに至るまで、ひとかどのモーツァルト通になったそうな。蔵人たちの情緒の安定にも貢献しているのかな?!

小原さんのはなしとその「公開特許公報・平成三年五月二二日公開」を引用すれば、このつづきは延延としておわらない。ここではモーツァルトを醪に聴かせる（ブチ当てる?!）とどんな効果があるのかだけをお蔵の資料より引くにとどめたい。

「蔵粋《クラシック》はもろみのときにモーツァルトを十分に聴いて育ったお酒です。モーツァルトを聴かせると酵母の増殖が活発になり、フルーツ香が強くなる高泡の状態が長く続き、酵母の死滅率も低くなるため雑味が少なくなり、大変おいしいお酒ができ上がるのです……」と。

しかし、ここまできても訪問者の疑念はすっかりは霧散しない。能書きはいくらでも云える。酒は飲んでこそすべてだ。

それなら飲んでみようか。この蔵の造りは徹底した米の磨きとおおく粕をだす〔※10〕低温長期型の吟醸造りである。それに依り「蔵粋シリーズ」のすべて、普通本醸造にいたるまできわめてたかい吟香と綺麗すぎるほどの雑味のすくなさを実現している。ティピカルな「香り吟醸」とはこんな酒のことと云ってよい。

モーツァルト没200年はおわった。これからは下衆の勘ぐりに煩わされることもない。造り酒そのもので語れる。むろんモーツァルトを聴かせているという事実はかわらない。データも出揃っている。そして酒はおいしい。だがそれでもなお、やはり謎はおおい。

しかしここによくできた、飲み口爽やかな香りたかい酒がある。それでじゅうぶんではないだろうか。謎はナゾのママでよいではないか。酒造りというものがゆきつくところやはりいまでも謎であるように……。

味のよく乗った旨口の酒はほかの「風土と人」に任せよう。ふだんあまり酒を嗜まないひとにまで吟醸酒の名のしれわたる昨今、こんな時代こそ「蔵粋《クラシック》」という酒の出番かもしれない。

その四　福島・国権の巻

（平成二年十一月十一日）

福島県、なかでも県の西南部にふかくはいった、まわりぢゅう山だらけの南会津郡は憶い出おおいところだ。これまでの山の暮らしのおおくの時間をその南会津の山山で過してきた。いまでもまだ、おもいだしたようにしてぽつりぽつりと通いつづけている。

二五年以前のむかし（平成二九年からみれば五〇年も経った）、まだ高校生だったころから、この南会津の山や峠や村村に魅かれて、きわめて交通の不便だったこの地に、金はないが暇はあるという学生の特権をフルに生かして通いつめた。

いまでこそ秘湯めぐりとか称して、この地の温泉や風物の紹介される機会もおおくなったけれど、その時分南会津に足を踏みいれたころは、山も、またその懐《ふところ》に抱かれるおおくの鄙《ひな》びた温泉も、まだ人口に膾炙《かいしゃ》するというには程とおかった。

そのころの南会津の山山は、いまだ原始の気というものを豊かに残しており、ここほどひとの気配の稀なところはほかにそうおおくはないだろう。ガイドブックはもとより、道標のたぐいがあるワケでなく、径形すら定かならぬ尾根すじ渓すじは、未知の極地、南極、ヒマラヤに憧れる極楽トンボにとってまたとない道場でもあった。もっともそこでは雪・氷・岩ならぬ厳しい藪《やぶ》にゆくてを阻まれ、行くたびにとんだ苦労をさせられたのだった。しかし数日にわたる沢登りや激しい藪漕《やぶこ》ぎのすえに到達した山頂や、ぽっかりと飛びだした尾根うえの池溏《ちとう》は、いままで経験したことのないほどすばらしい別天地だった!!

そんな南会津の山のぼりのなかでも、とくにすきで通ったのが会津駒・朝日山塊である。そしてそれらの山の登山の途次、会津田島の酒「国権」に出会った。その鄙《ひな》にもマレな雅《みやび》さかげんは、まだ酒にふなれな若造をたちまち夢中にさせた。むりもなかろう。わが国における黎明期のドイツワインにめぐり会うことで酒の道にめざめたばかりのものにとって、またベタ甘酒ばかりが跋扈《ばっこ》すること悲しき時代に、この酒「国権」のもつ、やさしさのなかにも凛《りん》とした品のよさは無類だった。生涯わすれられない、じぶんにとっていくつかの画期的な酒との出会いの、これもまたそのひとつなのである。

ながねんの友国権の純米酒たち

京都、博多とならび日本三大祇園祭りでしられる会津田島のまちは、会津若松からの会津鉄道の終点にちかく、いまでこそ野岩鉄道をあいだにはさんで東武鉄道鬼怒川・川治線と繋がったためたいへん便利になった。しかしいぜんは川治から山王峠をバスで越えても、鉄路で郡山・会津若松からはいっても、なんとも僻遠の地なのだった。目的の山の登山口となる村へは、たっぷりまるまるいちにちの時間を要した。もっ

国権の冠木門　たしかはじめは緑色だったと記憶する
その屋根も永の年月に色褪せた。

ともそんな遥かなる地なればこそ、いっそうこころ魅かれる南会津だったのだけれど……。

その学生のころから親しんだ酒を造る「国権酒造」のお蔵は、南山御蔵入街道《みなみやまおくらいりかいどう》（会津西街道）Ｒ１２１と、駒止《こまど》峠を越して南郷村にでて伊南《いな》川沿いに只見のまちにぬけるＲ２８９、只見の昭和村から船ケ鼻峠越えでくるＲ４００の三本の国道が町中で交差する田島のまちの、それもメインストリートに面して建っている。

ひさかたに国権のお蔵を訪ねてみる。売店の隣には緑屋根の瀟洒な冠木《かぶき》門の構え。その屋根のしたには一枚板に墨痕も鮮やかな「銘酒　国権」の文字がいぜんとおなじだ。

この国権という酒銘は、明治一〇年創立のとき、教育勅語「国権を重んじ……」からとったという。しかしその厳《いか》めしい名前から想像するよりずっとふくよかな酒ではあるが、軟質米・軟水に由来するとみている、秋落ちすることのおおい福島酒のなかにあって、このお蔵の造り酒は「秋上《あきあが》り」するつよさももっている。

なかでも純米酒造りのたくみさは傑出しており、会津山のぼりのはじめより、ながねん国権の酒として親しんだのもむろんこの純米酒だった。それはこの蔵の中吟である「純米吟醸」にもよくあらわれており、そのマイナスに傾きがちな（ただし指標はプラスだが）メーター〔※44〕（日本酒度。マイナスは甘口方向）からこの酒のキレのよさを想像するのはむづかしい。それはたいていの福島酒にありがちな乏酸《ぼうさん》傾向からはとおい、きれいな酸がこの酒のキレをつくっているものとおもわれる。しかもしっかりとした酒の厚みも携えている！

国権の仕込み蔵
むかしはこんなにサーマルタンクがあったかな？

国権の蔵はまた金賞蔵〔※12〕としても名高い。千石蔵という小規模な地方蔵としては中央によくその名の知られた蔵といえよう。滝野川金賞の是非功罪はあらためてかくとにしていまここではふれないが、それにしても昭和五六年から四年間の連続入賞は、この蔵の安定した実力をみるようですばらしい快挙といえよう。

いま、ひとり運転する車は錦繍もおわりにちかい会津・下野国境の山王峠を越え、なつかしい酒のまつ田島のまちに降りてきた。ここで駅前の名物手打ちそば屋でもりソバをかっ込み、むろんくだんの玉帚《たまははき》をお蔵で仕入れて船ケ鼻峠を越えるつもりだ。

峠をこえて降りついた只見線ぞいには、これまたむかしから馴染みの湯宿のいくつかがある。その只見川に沿う鄙

会津中川　中川温泉叶屋　星ユリコばあちゃん

びた温泉の一軒、会津中川という草ぶかい無人駅のホームに軒《のき》を接するようにして建つ、叶屋なる素朴な湯宿がきょうのお目当てだ。

ここにはいつ訪れても歓待してくれる、振る舞いずきな親身なおばあちゃんが待っている。

山の幸、川の幸、なかでも晩生《おく》とはいえ、まだまだ楽しめる数数のキノコが夕餉の食膳を賑わすだろう。そして秋の山の豊饒と会津の旨酒に酔いしれ、心地よい湯温の、うっすりと色づいた芒硝泉《ぼうしょうせん》にどっぷりと浸かれば、ブリザード吹き荒ぶ南極であれほど夢みたふるさとの山河が脳裡いっぱいに広がるだろう。

その五　新潟・〆張鶴の巻（1）

（平成三年一月十八日）

羽越本線の鈍行列車がもうまもなく終点村上の駅に着こうというころ、ふたりの女学生がローカルな駅のホームの、もう暮れかけた薄闇のなかから明るい車内に乗ってきた。

その頬赫きかの女らのしっとりと濡れ羽いろの黒髪には、三ひら四ひらの残《のこ》んの雪が……。

上野をでるころの関東平野はずっと晴れつづきで、その日も雲ひとつない晴天だった。それが谷川岳下の清水トンネルを抜けて越後にはいると、とうぜんのことのように天気は一変した。どんよりとして見通しのきかない、あの雪国とくゆうの重苦しい冬空だった。

きょうの目的地村上につくまで雪は降りつづけた。そしてうまい酒と鮭のまち越後村上はおまけにつよい季節風が吹き荒れていた。あるいはこの風が塩引きの「ヨーボヤ」（あるいはイヨボヤ。村上では己が鮭のことを愛情をこめてこう呼ぶのだ）を育てる風なのかもしれないと、確信はなかったがそう独りごちた。

そう、こんかいの旅はこの「村上人」の溺愛するヨーボヤを堪能するほど食しつつ、おなじ村上の生んだ銘酒「〆張鶴」を添わせてみようという趣向なのだ。それはわるかろうはずがない。

酒ずきの方がたからは越後村上といえば打って返すように〆張鶴の名がかえってこようが、三面《みおもて》川河口のこのまちは、むかしから食通のあいだでは鮭料理のほうが通りがよいくらいなのだ。そして北限の茶「村上茶」の産地もここだ。

その鮭料理を賞味する処として、〆張鶴蔵元の宮尾隆吉さんが、市中の老舗「松浦家」を手配してくださっているのだ。

鮭と村上、村上と鮭。それはとおく、あの朝日連峰から潺潺《せんせん》と流れいづる三面川河口の城下町、ここ村上でしか出来ようのない、風土の生んだ傑作である。（そして、酒もまた……）

この村上の地の冬の気温、湿度、朔風が絶妙の塩引きをつくるという。おなじ技術をもっていっても他の地ではけしてどうようにはいかないのだと。

塩引きというと新巻の鮭を想像するかたもおられよう。しかし村上人のまえで北海道の新巻鮭と一緒になどしようものなら、もうてんから相手にしてもらえないことを覚悟せねばならない。われらが「塩引き」は塩蔵が目的の新巻とは根本的にちがうものなのだ。

その特徴的な塩づかいとは、鮭のもつ旨みを最大限に引きだすために、つかうべきぎりぎりの天塩で身の蛋白質をアミノ酸にかえるの謂《いい》なのだ。すなわちそれは天塩のミネラルと鮭自身のもつ酵素のはたらきを利用した醸成・熟成食品といったものなのである。

そのことは、醸成食品としての真骨頂は、村上鮭の上品《じょうぼん》ともいえる「酒びたし」に、もっとも典型的に表われているといえよう。

雪国の冬は暮れるのがいっそうはやい。町なかとはいえ細い路地の奥にはいった「松浦家」さんの、開店以来百年という時代がかった風雅なたたずまいは夜目にもかんずることができる。

季節はずれの吹き降りの日のせいだろう（いつのまにか雪は雨にかわっていた）、森閑とした玄関で案内を請う。ややしばらくして迎えてくれた仲居さんに導びかれてあがった奥の座敷は、これまた予想たがわず格調のたかい造りでわれわれを迎えてくれた。

もう一月も半ばというので、とっくに鮭の時期はおわっていた。それを無理は承知で宮尾さんにお願いしていただいたのだ。なぜって吟醸の造りはいまだもの。

村上の鮭は例年十一月の中旬にはじまり年内いっぱいではやくもおわるという。それより早期に遡るのは北海道産の発眼卵から放流した場違いモノ。そして年明けの漁は若鮭の由。ともに村上人のお眼鏡にはむろん叶うはずがない。

だからいま一月の鮭は保存品一辺倒となるのはいたしかたなかろう。それでもこの時期、逸品の料理が十数品は並ぶという。

そのご自慢がくるまえにさっそく〆張の口を切る。この日宮尾さんがご用意してくださった酒は「特撰本醸造・一級」、純米一級「純」（大吟醸酒とともにこれは南極酒です）、中吟醸「吟撰」。まずは本醸から。とりあえず燗が附いてくるまえに持参の盃になみなみと注ぐ。それをぐっと飲み干す。旨い！　冷や酒にもかかわらず裡からほのぼのと温かくなる。宮尾酒造の酒のなかでもこの本醸、ことに味が厚い。そしてなによりその味香に吟醸のかそけきただずまいすらある。

さて待つほどにきたきた。選びぬかれた逸品がつぎつぎと卓にならぶ。（松浦家さんの鮭料理だけでもなんと百余種類あるという）

本日の鮭料理の献立をかきうつしてみよう。

1小菜　背わた塩辛（メフン）
　　　鮭味噌
　　　鮭塩辛（チュウ）
　　　鮭飯寿司《いいずし》
　　　鮭マリネ
2茶碗盛　鮭がじ煮
3向付　腹子醬油漬・面取り大根
4口代わり　鮭酒びたし・せん生姜
5鉢肴　鮭塩引き
6差身　鮭湯あらい
　　　鮭ルイベ・梅醬油、芥子酢
7煮物　鮭焼漬
8酢の物　氷頭《ひず》なます

以上、十三品。

きょうはほかに客もいないのか（宮尾さんのお蔭げとはおもうが）、この店の女将さんが附きっきりで接待してくれる。村上鮭や鮭料理のはなしはむろんのこと、三面川上流の朝日村三面部落（山人の暮しがよく残され、そのごダムに沈む悲劇の集落としてゆうめいになった）のこと、また春の山菜と川鱒《かわます》、秋のきのこ、夏の鮎と日本海の海凝《かいぎょう》（魚）たち。

さてお待ちかねの〆張鶴特撰本醸もころあいの燗を附けてだされた。やはり予想にたがわず、燗をつけてもいささかも崩れぬどころか、酒はより醇味をましてなんともうまい。

この〆張の酒の、ことにこの本醸の酒のもつ醇なもちあぢが、味濃く野趣ある鮭という魚にまことに出会いともうせ、酒はつくづく風土の産物（ひとつ気候風土のみならず、文化風土・土地柄もふくめて）であることを、ここでもまた、しっかりと確認したのだった。

名店松浦家の鮭づくし

この本醸造酒にはがじ煮、塩引き、焼漬などなかでも少少味厚き料理がよく合い、純米酒「純」はことに前菜の鮭味噌、鮭飯寿司とみごとに融けあい、また中吟醸酒の「吟撰」は酒びたしやあらいなどわりと繊細なひと品と飲《や》るのが出会いといえた。

呑むほどに食うほどに酔うほどに、歌舞音曲の音《ね》ひとつない座敷にも豊穣の歌が流れ、わが脳裡には茫洋とした冬の日本海の荒波とそこを回遊する鮭たちの姿が二重写しとなり、こうして雪の越後、ふるき城下町の夜は更けていくのだった。

まこと、よき酒はよき友……。

その六　新潟・〆張鶴の巻（２）

（平成三年一月十九日）

越後村上。もう山形にちかい、日本海に面したこの城下町にかくべつのふかい想いのある理由《ワケ》というのは、それはなんといっても憶い出おおい数数の山や渓、あのたびたび足をはこんだ「三面川」や「荒川」（むろん東京のに非ず）に纏《まつ》わるものであったろう。

云うまでもなく、この両河川はともにそのみなもと遥か、あの「朝日連峰」の懐ふかき処より流れいだすのである。ご案内のとおり「朝日連峰」はおとなりのこれまた厖大な「飯豊連峰」とならんで東北の高山を代表する山脈である。

このうち三面川は上流に「三面」「猿田」のふたつのダムを持ち、その三面本流は猿田ダム下で支流「泥又川」と別れて、険谷として名高い岩魚の宝庫「岩井又川」などを分けながら「以東岳」方面に消えてゆく。この泥又川あるいは三面本流への恰好の足場として、前回にふれた、いまはなき三面集落があったのである。

いっぽう、荒川のほうは南流する本・支流を朝日連峰に持ち、北流する支流を飯豊連峰にもつ。このためたんに荒川に行くといっても北行するか南行するかで目的地はまったく別物になってしまうのであった。

あのころからずいぶんと刻《とき》は経ったが、いまだに朝日村、朝日連峰への想いはよわまるどころか、日びその牽《ひ》く力、呼ぶ声はつよまるばかりだ。いまも飯豊や朝日は年ごとに足繁く訪れる山渓なのだ。去年もなんどか荒川の渓を釣上がった。夏八月、支流O川でわが愛竿にきた尺上《しゃっかみ》の幅広山女魚《ヤマメ》はいまも脳裡を去らない。

そしていつもそのベースになるのが、村上の手前、坂町で羽越本線からわかれて米坂線の三つめ、越後下関のちいさな駅前の旅籠《はたご》なのだった。そしてここしばらくは日本海からこれらの川を遡る二尺山女魚・幻の桜鱒をもとめての釣行はつづくであろう。附けくわえるなら、下関の町はずれに「〆張鶴」の充実した酒屋があることも嬉しい。ここでいつも「吟撰」か「本醸」を仕入れて山にむかうのがつねだった。

門前川と〆張鶴の蔵

まえの晩、村上市中で鮭料理を堪能してから、ほどとおからぬ瀬波温泉へむかった。そして翌朝、海岸まで雪染む山の寄せる北方の眺めと、垂れ込めて荒寥とした日本海の波濤を宿の大浴場のパノラマから見晴かして、北の土地の旅情を噛みしめてみるのだった。

さてきょうは、昨夜われらの胃の腑にじゅうぶん銘じたはずの〆張鶴のお蔵を訪ねることになっている。

お蔵は村上の街の北東のはずれ、山辺里川（門前川）の畔に建っている。門前川、この川は荒川本流から尾根ひとつ越えて、いまはなきあの三面の集落に至る蕨峠《わらび》の山つづきから流れいづるのだ！　このちいさな川にも鮭が遡《のぼ》るという。

お蔵では専務の宮尾行男さんが、その細面のお顔に笑みを湛えて迎えてくださる。今年はここも雪がすくないという。吹き寄せられて、道路脇に薄くのこったわずかの雪がそれを物語っている。

ひととおり、いつもながらお馴染みの、お蔵うちの見学ののち通された座敷からみる中庭の眺めも、いつもなら下枝のたいはんは雪に埋もれるというお庭の姿のよい松が、いまはその根方ちかくまで幹を露出させている。

そんな座敷からのながめを見やりながら、しかしはなしはどうもいつものように造りのほうにはむかわない。ちょうどいま、吟醸麹《こうじ》〔※15〕のまっさいちゅうで、杜氏さんはじめ誰もがしごくピリピリしているためだろう。そういえば麹室《むろ》でもビニールのカーテン越しに汗流す蔵人の姿をチラリと垣間見ただけだった。

そのかわりといってはなんだが、ご当地村上の食文化や宮尾酒造の歴代のはなしに花が咲く。江戸時代のふるい焼酎の鑑札や海図（ご当家初代のころは廻船問屋としても賑わった由）が持ちだされ、そのむかしのこの城下町の栄えたさまがめにうかぶようだ。

それでもご自慢の吟醸はじめお蔵の酒が廻りはじめれば、しぜんと〆張の酒のはなしに移っていく。

ここで昨日の松浦家さんでの特撰本醸造の、なんとも印象にのこったというはなしがでると、専務の行男さんはわが意を得たりとばかり語りだす。

あの酒は局の先生がたはじめ玄人筋にはきわめて評価がたかいのだという。そしてかれのとなりで蔵元のお父上がまた頷いている。そのはなしを聞いてこちらもまたおもわず膝をうつ。

后日、行男さん宛にこんな手紙をかかずにはいられなかった、そのときのきもちをわかって欲しいのだ。

むかしの酒道具・狐桶　雄と雌
上槽のさい、これで醪を酒袋に詰めた。

「先日はお忙しい吟醸造りのさいちゅうだというのに、貴重なお時間をとっていただき恐縮の至りです。

またご一緒できなかったことが残念のきわみとは申せ、あのように結構なお席を設けていただきまして、ほんとうにありがとうございました。

それにつけましても、もうシーズンはずれとはいえ見事な鮭料理とお蔵のお酒との、なんとすばらしい出会いだったことでしょう。

なかでも、鮭のもつ白身の魚にはない少少のクセのつよさと、お蔵のほかの酒とくらべすこしだけ豊醇なコク味をもつようにおもえる「特撰本醸造」とが、とてもすてきなハーモニーをみせていたことでした。つくづく酒は食物と

〆張鶴　宮尾行男氏と
“常茶”の小川八重子さん

ともに風土の産物であることを再認識したしだいです。

またお蔵の吟醸、その「吟撰」という酒がいぜんからお馴染みの酒だったのです。山に行く時はいつもこの酒でした。つよい吟香吟味を表にださないかそけき風味の酒は、飲み飽きせずに酒ずきにはこたえられません。そしていま、口巾ったい云いかたをお赦しいただけるなら、たいはんの新潟酒の向かっている「淡麗辛口路線」、と云えば聞こえはよいのですが、ただ薄っぺらいだけの酒になりがちな傾向とはちがい、清らかななかに雪国越後の肌の温もりとでもいったコク味。この羽二重餅のように肌理《きめ》細かく滑らかでいて、しかもほんのりとした味筋は〆張さんのお酒すべての特徴、真髄かとおもわれてなりません。」

お蔵をお暇《いとま》するころになって、昨夜来の吹き降りはウソのように穏やかな陽ざしにかわっていた。おだやかなものの法則。奇を衒《て》らわないもののもつふかみと味わい……。云ったように淡麗辛口路線をひた走るかにみえる新潟の酒にあって、〆張鶴のもつその情のふかさはなにものにもかえがたい。これこそいわゆる地酒の真骨頂といえよう。純米酒ばやりの昨今、本醸造酒といえば喉ごしのよさ、淡麗さだけが云云されるのみで、こういった旨口の本醸の存在が不当に看過されていることは嘆かわしいコトと云えよう。

その七　新潟・白瀧の巻

（平成二年八月十六日）

この冬はなかなか雪の便りが届かない。もう暮れも押しつまったというのに、このまま雪なしで年を越してしまうのだろうか。北の国にかぎらずこの暖冬は酒蔵にとって始末のわるものにそういない。

いま西へむかう新幹線車中でこの原稿をかいている。旅急ぐひとには申しワケないが、いつもの関ヶ原附近の雪のため列車はおくれぎみだ。これで年明けとともに雪国の蔵は白いものに囲まれ、ほんとうの寒造りがはじまり活気を呈することだろう。

越後の酒との附き合いがながい。なかでも雪国越後湯沢の「白瀧」の酒とはもう永のつきあいだ。こころの故里「南会津」とこの「越後」は背中あわせだ。銀山湖（奥只見ダム）など湖面のまんなかを会越国境が通っているくらいだもの。そのためばかりでもなかろうが、越後の山山にもよく通った。なかでも上越線土樽、中里、湯沢、六日町、小出などなつかしい。

上越線といえば新幹線ができて山ずきにとってこんなに不便になった鉄道路線もめずらしかろう。いま利用している新幹線（これは東海道新幹線）車中でこんなことをかくのは僭越だと取られるムキもあろうが、それとこれとはまったくの別問題である。新幹線の利用とローカル線利用の目的と対象を混同してはいけない。

六十里越えトンネルで会津に抜ける只見線の入口小出の寂れたこと目を覆うばかりだ。それにしてもそのお隣りの「浦佐新幹線駅」あるいは手前の「上毛高原駅」とはなにか?! 「ガーラ湯沢」とかいう「スキー場!」のためだという駅の存在もワケが判らない。新幹線利用を強引に最優先させる論理や、「国土荒らし」と結託して客を集めるＪＲには儲け第一主義が見えみえだ。「峰越しスーパー林道」やら「河口堰」などとともに、無差別なスキー場やゴルフ場づくりは土建屋王国日本を象徴する。

越後湯沢　白瀧酒造お蔵元

谷川岳の憶い出と越後湯沢は切ってもきれない。山から降りてきてひと風呂浴びるまちの共同浴場と白瀧の酒と……。

あのころ、暇はあっても金のない学生や貧乏工員たちは行きたくともおいそれとはゆけない「穂高」や「剱《つるぎ》」に背をむけて、もっぱら近場の「丹沢」や「谷川」に通いつめたものだった。「穂高クラブ」などという名前だけは威勢のよい社会人山岳会に入会させてもらっていたナマイキなこの中学生は、そのクラブの構成員のたいはんが千葉の川崎製鉄の工員さんだったことから、山行はとうぜんのごとくに夜行日帰りでゆく（アア夜行列車よ）「谷川岳」、それも名だたる「一の倉沢」や「幽《ゆう》の沢」というオッカナイ岩登りばかりだった。そしてその登攀の緊張をほぐすかのように、会員たちの下山后のたのしみがきまって湯沢温泉と白瀧の酒なのだった。むろん下山とはいっても、谷川岳じたいは入山も下山もたいていは群馬県の土合駅からなされ、温泉も酒もわざわざそのための寄りみちということになるのだが。

その穂高クラブのオトナたちと、場処こそ谷川岳ではないが、この越後湯沢から入山する「苗場山」（むろんあのゆうめいなスキー場とはべつでこちらが本家）に、生まれてはじめてスキーを担いで（文字どおり担いで）はいった中学三年のときの正月山行は忘れない。

いまでこそ「神楽峰」につづく尾根筋はその名も「かぐら」というりっぱなスキー場として賑っているが（嗚呼此処もまた！）、いまはモダンなヒュッテに生まれかわった「和田小屋」も、そのころは造りだけはばかに頑丈な、素朴な営林署の小屋だった。尾根の上部、「下の芝」のその下に位置する、この時期は雪に埋もれて無人のその山小屋のすぐ脇にテントを張った。

ここではわがスキー初転びのはなしなどご退屈さまとおもうのでよしにするが、これから数日のあいだ、毎晩テントの大人たちをたのしませてくれた酒が、わすれもしないその「白瀧」だったというワケだ。それからずいぶんとながい刻《とき》がたったけれど、越の白瀧の酒はいまもよき友、親しきものとしてかたわらにある。そしてそんなご縁のために、この酒「白瀧」も后年南極の酒となった。

新潟の酒といってまず頭におもいうかぶイメージはなんだろう。あるひとにとってそれは「雪国、

白瀧　麴室と高橋敏氏

雪に埋もれた蔵」であり、「米どころ新潟平野」であり、あるいは「銘酒越乃寒梅」であるかもしれない。それはひとによって様ざまなものがあろうが、いま新潟の酒はこうした消費者のイメージにそって動いていくようにもみえる。曰く淡麗な酒、すっきりとして喉越しのよい酒、さらりとした辛口の酒。こうした酒質が新潟の酒として人びとのあいだに定着するようになったのは、いつのころからだったろう。むろんこういった酒を頭から否定するつもりはさらさらない。

しかしむかしからの越後の酒のファンとしては、雪国新潟の酒といえば、ただ流行の「淡麗辛口」ではなく、もっとほんのりと温かみのある、肌理の濃《こま》やかな酒がおもい浮かぶ。少年の日に出合った、白瀧の酒のイメージ。ふっくらと柔らかでありながら醇味もわすれずにある酒がいまだにこころの裡にある。いまそんな新潟酒が「白瀧」はじめ、村上の「〆張鶴」、弥彦のちかく巻町の「笹祝」、新潟市中の「鶴の友」など、その数はおおくはないが健在なのが嬉しい。ゆうめいになってしまった中頸城《くびき》三和村の「雪中梅」などもこのタイプだ。

その白瀧の蔵は上越線の線路からまぢかの、湯沢のまちの真んなかにある。「平成蔵」のすぐうしろを新幹線が走る。

蔵元ご子息、専務の高橋敏さんはその優しげな風貌からは

白瀧　サーマルタンクと高橋敏氏

意外な、つよい口調でこういったげんざいの新潟酒の淡麗な、ややもすると薄っぺらになりがちな傾向を嘆く。

たしかにこれは正論である。いまの世の中重厚で味のある醇な酒よりライト・アンド・ドライな淡麗ばやり。なにかと云えば辛口の酒だ！　これはひとつ清酒のみならず、昨今の世界ぢゅうの酒類の傾向と云えよう。ホワイトレボリューション（白色革命）を俟つまでもなくブランデーもウイスキーも。そしてワインすら……現代人の体力低下をこれほど如実に表わしている事実がまたとあろうか?!　はなしが例によってそれそうになってきた。軌道修正。

そんな憂国の酒蔵「白瀧」は、3トン仕舞い〔※19〕、六千石ほどの、さほどおおきからぬ中規模の造りだ。この規模の蔵にも機械化の波はひたひたと押し寄せつつある。さきの「平成蔵」はそのけっかの顕れのひとつだ。

杜氏問題、蔵人もんだいは、いまどのお蔵でも深刻である。この蔵も先年の造りの時期に、農業高校出の若い子がふたり、甑場《こしきば》（釜場）で倒れたという。酒屋の労働はきついのだ。酒造りの最重要事は米の蒸しにあると信ずる白瀧の蔵では、相かわらずむかしながらの甑をつかい、釜場の機械化をあとまわしにしてきた。ここも譲らねばなりませんかネと敏さんは苦笑い。たんなる人手の代わりが勤まる機械化、省力化は労働条件の軽減のためにぜひとも進めるひつようはあるだろう。でないと若者が蔵にのこらない。さいわいなことに、酒造りにかぎらず、創造性をひつようとする伝統産業に魅力をかんずる若いひとが、すこしづつ増加の兆しをみせはじめた。

いま、清酒蔵の存亡の刻にあたって、いずれにもせよ中途半端な蔵は淘汰されるだろう。

倖い新潟県は清酒学校や杜氏学校、あるいは試験所を退官なされた島技師の主宰する「島塾」などバックグランドは他県よりずっとしっかりしている。あとは月並みな云いかたにきこえるかもしれないが、酒造りの側のこころざし、心いきの問題だけとおもえてならない。

少年の日の憶い出ふかい越の白瀧のような酒が、これからいつまでも、よき酒はよき友でいて欲しいとこころより希うのである。

その八　千葉・木戸泉の巻（1）

（平成十二年一月二十六〜二十八日）

世の中減塩減糖が叫ばれてひさしいが、ほんらいハレの日にたまに食すことがゆるされるべき洋菓子、和菓子などの甘味も、それを毎日でもたべていたいという煩悩、欲情がコントロールできない、いわゆる仏の「五陰盛苦《ごおんじょうく》」に陥っている現代人のたいはんの要求に依れば、必然的に減糖にならざるをえまい。

減塩とておなじ論理だ。己が飲食の欲求（鹹《しおから》くなければ多量にも喰える。またシオカライものを食うだけの体力もないという悪循環！）を満たすため、「量は質を殺す」ことなどテンから頭にもなく、また正塩適塩のひつようをしらず、むやみに塩を減らせばそれで健康とばかりの減塩食品がバッコする。おかげで世の中、まわりを見わたせば気力ガタ落ちの塩抜け人間ばかりがめにはいる。

また反対に、ジャンクフード大好きの当世の尠《すく》なからぬワカモノたちは邪塩（極陽）に冒され、しかも陽は陰を引くの喩《たと》えどおり、多量の甘味（清涼）飲料（極陰）のお蔭で判断力これまたガタ落ちの、すぐにキレる贅六《ぜいろく》ども（これは関西のひとを揶揄するに非ず）に成り果てた。

そんな世相を反映してかアルコール飲料もライト・アンド・ドライの酒ばかり。莨《たばこ》（良い草とかく）がライト・アンド・マイルドになってもうひさしい。原料葉本来のうまさなど、ここに至ればどこ吹く風だ！

それというのもご案内のとおりの地球規模の環境劣悪化。地力のまったく衰えた土地からは生命力のない作物ばかりが収穫され、そんな食物が市場に氾濫する。

しかも食品添加物はじめ各種人工化学薬物（極陰か極陽。そのたいはんは極陰）の無制限の使用が、これまたそれを加速する。食の秩序などまったく見えぬ今日、遺伝子組換食品や狂牛病などとうぜんの帰結だ。そんな生命力の衰えた食品ばかりを与えつづけられている人びとの体力、気力、判断力が救いようもないホド落ちこんでしまったのは必然といえよう。

そんな傾向が、もう三十年以上も前のアメリカ東海岸で起った、いわゆる白色革命（ホワイト・レボリューション）に先取されていたコトをしるひとは尠ない。ボストンやニューヨークの知的生産（?）に従事する都会生活者は、オノが体力気力の低下により、コクやクセ、味や色のある酒、具体的には古典的なウイスキーやブランデーを体が受つけなくなってしまったけっか、かれらの嗜好は無色透明のジンやウオツカに鞍替えしてしまったというのだ。そして時をおなじくして、１９７５年あのゆうめいな米国の食事改善目標、５０００ページにもなんなんとする「上院レポート」（通称マクガバンレポート）の登場となる。

この事実はなんと象徴的なコトだったろう（しかし、あろうことか!!　とうじのわが国の政府、マスコミは関連企業の圧力があってか、この重要なる事実を、なんと握り潰してしまったのだ）。

こんなわが祖国の清酒にあっても、コトはまさに然り。まわりぢゅう淡麗辛口（うすからい酒）ばかりではないか。しかもさいきんは大メーカーの思惑か、これに飲みごたえなしの低アルコール酒がくわわって、この傾向に追いうちをかける。真の酒徒にとって、こんな風潮はかぎりなく寂しいばかりだ。蛇足ながら、これは上手にできた淡麗辛口酒まで誹謗するモノではけしてない。

先年、オレンジページというところから出た『米の酒はおいしい』という本の劈頭に、こんなコトをかかせていただいた。

本題にはいろう。

「そんなわが風土に適した米の酒「清酒」にも様ざまな種類がありますが、米のもつ本来の風味、醇味を生かすとなると、やはり純米酒がよろしいようです。なかでも生酛《きもと》系純米酒〔※45・47〕（生酛・山廃酛）は、豊かな酸と味のふかみ、醇味からいっても止めをさすと云えましょう。しかしさいきんの純米酒は米を磨きすぎる風潮にありますから（これではみな純米吟醸になってしまう）、僭越を承知であえて蔵元におねがいしたいことは、できますれば高精白（白い米）ではなく、その反対である低精白（玄《くろ》い米）から、醇味ゆたかな、からだにやさしい、ほんらいの酒をお造りいただけまいか。そんな酒の復権を希むや切なモノがあるのです」云云。

さてここで、そんな「醇な酒」を語るにあたって、千葉県夷隅郡大原町在の「木戸泉」の酒をとりあげることをお恕しねがいたい。

ではその木戸泉という蔵元とその造り酒とは、具体的にどんなもち味をもっているのだろうか。その要点のみを最初に列記してみよう。まずこれをごらんになるだけで、木戸泉という蔵元がいかに孤高を持するものであるかお判りいただけるだろう。

第一にこの蔵は吟醸酒を一滴も造っておらない。これは現在の蔵としてきわめてめずらしい。すべ

木戸泉　種麹を振る五十嵐さんと
その手元をみつめる永井杜氏

て普通酒、本醸造酒、純米酒。なかでも純米酒がことに傑出している。どんな純米酒であるかはのちに述べよう。

そしてそこから派生した古酒と、これが孤高の孤高たるゆえんの濃醇多酸酒（これものちに述べる）。

第二には、しかもそのすべての酒を純粋培養した二種類の乳酸菌を添加した、特殊の高温糖化山廃酛〔※14・47〕で仕込む。この酒母（酛）をお蔵では「高温山廃」あるいは「乳酸菌醸造」とよぶ。はじめてこの名称を耳にするひとはヨーグルトの親戚かと勘違いするのではなかろうか?!

第三にその仕込みにつかう米は60%から70%にしか磨かない。精米歩合〔※27〕が60%を割ることはないのである。吟醸をつくらないのだからこれは当然と云えばとうぜんなのだが、お蔵元の荘司文雄さんは玄《くろ》い米がすきなのであろう。いぜん己が酒造りを称して「ドブロク醸法」（?）なるコトバを口になさったことを憶いだす。

第四にすべての酒造工程、作業がしぜんでありムリをしない。やらではの大技小技は無用なのであろう。麹《こうじ》造りしかり、酛《もと》（酒母）造りしかり、醪《もろみ》またしかりである。吟醸造りではないとはいえ、醪の温度管理ひとつとっても、暖国外房州の立地にして蔵全体の空調やましてやサーマルタンクの使

蒸し米を運ぶ永井杜氏

用などで醪液温の上昇をムリに押さえ込んだりはしないのである。

第五番めは（だからといって重要度がひくいワケではない。列挙するものはぜんぶ同列）、というより、この第五の項は特筆すべき事柄かもしれない。

このお蔵の純米酒は「山田錦系」と「自然米系」に分かれるのだけれど、ここで語るべきはこの「自然米」のことなのである。それは世にいう無農薬米、有機栽培米とは似て非なるもの。次元がちがう、いやある意味正反対と云ってよかろう。たとえば肥料ひとつとっても、動物有機はむろんのこと、いわゆる植物有機の堆肥すら使わず、刈りとった稲ワラのみを鋤きこむという。これでは無肥料栽培ではないか！　動物性有機肥料の危険度がもんだいになっている昨今、昭和四二年ころに遡るこの自然米採用という着目は、時代を遥かに先取りした大英断といえるのではなかろうか。ちなみに前述した乳酸菌醸造法も、なんと昭和三一年より今日につづくときく。（「自然米」については拙著『醇な酒のたのしみ』の〈第一章「自然舞」という酒を造るお蔵のはなし〉のなかの〈「自然酒」と「自然米」〉に詳しい。）

第六に九州大分の「西の関」、京都伏見の「月の桂」とならび、清酒における古酒の三大源流であることを忘れてはならない。

昭和四六年の日本橋三越本店における古酒〈そのころは「オールド木戸泉」と称し、げんざいの「古今《こきん》」

銘のルーツ）売り止め事件は知るひとぞしる。しかもこの古酒銘醸三蔵は、あの酒の大先達、故坂口謹一郎博士の薫陶よろしきを得ていたのだ。だがこの事実もいま知るひとはすくない。

第七には、このお蔵の醸法の一大特徴ともいうべき「高温糖化山廃酛」の利点を最大限に生かした「AFS」（アフスとよむ）という濃醇多酸酒の存在である。

酒母をそのママ搾って酒にしたような、一段仕込みのこの酒は、アルコール度数こそ普通の原酒なみであるが、日本酒度マイナス35から45、酸度〔※20〕に至ってはワインなみかそれいじょう、なんと7から10もあるという。濃醇多酸酒たるもムベなるかな。しかも二五年から三〇年寝かせ茜《あかね》色に染まったこのアフスの風味たるや！

高温山廃の酒母タンクと荘司文雄蔵元
タンク上部が涌きこぼれを防ぐ
ポリエチレン製の泡笠

淡麗な酒のアンチテーゼとしての木戸泉の造り酒は、防腐剤サリチル酸の早期からの全廃、人工乳酸など化学物質無添加などからもうかがいしれるように、とても身体《からだ》にやさしい、しぜんな酔いごこち、酔い醒めの酒である。日本酒を飲むとかならず頭の痛くなるという女性が、あびるほど（かの女にとっては）呑んでも頭痛とは無縁でいられた事実こそ、木戸泉の酒の本質を語って間然するところなき証明といえよう。ここでもよき酒はよき友である。

その九　千葉・木戸泉の巻（2）

（平成十二年一月二十六〜二十八日）

銘醸は「風土と人」であるといつもかんがえてきた。このばあいの「風土」とは気候風土（地勢や土壌も含む）と文化風土（土地柄）を併せたもので、さいきんよくつかうコトバで云えば「身土不二」（その土地の産物とそこに棲むひとはひとつ）というコトである。

また「人」とはいわゆる杜氏さんなど造るひとや消費者（飲むひと）というより（むろんそのばあいもある）、第一義的には蔵元さん（オーナー）とかんがえて戴きたい。ひとたびお蔵の門をでる酒は一にかかってオーナーの判断のたまものであろう。

このように、様ざまな酒（べつに銘醸蔵と限ったモノではないのだが）の認識と理解は「風土と人」の理解と判断が鍵となろう。

さて「醇な酒」をかんがえるにあたって考慮すべきコトに、「酸」（有機酸）〔※18〕「酵母」〔※11〕「アミノ酸」「炭素濾過」〔※31〕「アルコール度数」「精米歩合」〔※27〕「カス歩合」〔※10〕「食い切らせるボーメ」〔※41〕（残糖）「酒母由来の微量成分」（ことに育て酛・生酛系）そのほか、数おおくの要因があろう。このうち酸とならんで重要な酵母は、酸の生成量とその種類・質に係わってくる。ちなみに木戸泉は七号系酵母。

また酒の含有総酸量は一般的にその約七割は醪由来、二割は酒母由来、一割は麹由来という。このなかでコハク酸、リンゴ酸、乳酸を主体とした、清酒を構成するいくつかの有機酸も、これまた避けてとおることはできまい。

ワインの世界では藤原、渡辺両氏によるゆうめいな「温旨酸系《おんしさんけい》・冷旨酸系《れいしさんけい》」〔※8〕の研究がある。これは清酒の含有有機酸の効果をみるにさいしてもきわめて参考とするに足る研究であり、その原理的なベースは食養《しょくよう》の「温冷効果」〔※9〕のかんがえかたにちかいモノがあるといえよう。

木戸泉の酒にもどろう。

このお蔵の造り酒にゆたかな酸を提供する「高温山廃酛」（乳酸菌醸造）や醪がつくりだす酸は、すべての清酒の中心となるコハク酸はいうまでもなく、「山田錦系純米酒」（製品としては純米「醍醐」、古酒「古今」、生原酒「白玉香」ほか）においてはその特徴をささえる乳酸であり、そこには乳酸系の清酒特有のやわらかみとゆたかな巾《はば》と濃醇さがみられよう。

いっぽう、北方系の米であるササニシキやハナフブキで造る「自然米系純米酒」（製品「自然舞」ほか）には、コハク酸、乳酸、リンゴ酸にくわえて、クエン酸系をおもわせる爽やかななかにも少少かたい酸のもち味がある。

しかも驚くべきことに、前出の藤原・渡辺氏の分析に依れば、純米酒醍醐から、ドイツの貴腐ワインなどに重みとコクをもたらす特有の酸である「グルコン酸」という温旨酸系の有機酸が、かなりの高濃度で検出されたのである。

こうして木戸泉の酒には、アフス（既述）のような特殊な酒をのぞき、加水酒で酸度2.0前後、原酒

木戸泉　醪タンクと荘司蔵元

で2.7から2.9という酸が含まれるようになる。

しかし一般的には清酒の蔵元や杜氏というものは、酸敗《さんぱい》〔※21〕のイメージにもつながりやすい酸を出すコトを嫌うものだ（なかでも南部杜氏や諏訪杜氏）。これはそのむかしの苦い経験や近年の吟醸酒中心の局の先生がたの指導によるところもおおきい。グルコン酸の存在などキタナイ酒の指標にさえされるものだ！

しかし木戸泉のお蔵元はこの嫌らわれものの酸を逆手《さかて》にとって、これを上手に生かすコトで比類のない酒を醸《かも》しつづけておられる。

またきれいな酒ばかりが好まれ造られている昨今、アミノ酸というものも雑味のモトとして嫌われることのほうがおおいであろう。しかし云うまでもないが、旨味と雑味は表裏一体。きたない酒もおおいに結構。このアミノ酸と前出の有機酸は、燗適酒なども含めて、これからの酒をかんがえるうえでとてもだいじな問題となってくることだろう。

酒にふくまれる有機酸の種類によって、おなじ酸度の酒でもその風味、あぢわいはずいぶんと異なってかんじられるものだが、いずれにもせよ、しっかりした酸（とりわけ乳酸）をもつ酒は、まちがいなくすばらしい燗上《かんあが》りを約束されているといえよう。様ざまなタイプの燗上り酒をたのしめること。これだけでもウレシイではないか！

閑話休題。前巻〈その八〉でお名前をださせていただいた酒博士、故坂口謹一郎先生は歌人としても著名なかたで、ご生前にいくたびか訪なった木戸泉の蔵の造り酒にも、いくつかの和歌《うた》を残されている。そのうちの代表的なものを三つほど挙げてみたい。

「いにしへの　灘のうまさけ　君により　太平洋に　うつりきしはや」

ご案内のように、灘《なだ》の伝統的醸造法は、米は山田錦をつかい、現今の標準からすれば玄《くろ》い米を生酛《きもと》〔※45〕で仕込む。これを小手先の技巧を排した木戸泉の自然醸法に照らしてみれば、まるで純米醍醐のようではないか。これによって、坂口先生も嘆かれた、今はなき「灘香《なだか》」が、太平洋に面した木戸泉のお蔵に再現されたとおっしゃるのだ。

「奇《く》しき酒　つくりいだして　ひのもとの　うまさけの巾《はば》　いやひろげませ」

これは特異な濃醇多酸酒「ＡＦＳ《アフス》」を詠んだうた。

この冬のことになるが、ソムリエスクールの生徒をつれて蔵元体験実習をお蔵でおこなったさいのエピソードがある。

事前の木戸泉の酒質の調査にしたがって、スクールの生徒らしく、数種類のチーズを用意した。ブリ、パルミジァーノ、マンステール、リヴァロ、ロクフォールの五種類である。これまで述べてきた特徴的なお蔵の造り酒とチーズとの食べ合わせは、これはむろんかなり予想のついていたコトだったけれど、しかしなかでもウオッシュタイプのチーズと1973年産（二六年モノ）のアフスとの組合せの妙はこちらの予想をはるかに超えたすばらしさだった。熟成のすすんだきわめて個性的なウオッシュのリヴァロとこれまた熟成酒のアフス。この至上の味わいは荘司蔵元にとっても新境地を開くものとなったようだ。もっとも、これは臭いモノ好き（?）という蔵元と筆者の嗜好・気質に依るところ大であったか?!

「このよならぬ　あぢよかほりよ　君がかみし　ひのもと一の　ふるさけぞこれ」

この蔵元と筆者にたいし、古楽の演奏者としても著名な秋場雄豪《ゆうごう》杜氏の風雅は、古雅なおもむきの「古今《こきん》」と上品なふかみの白カビチーズ、ブリドモーの格調ある味わいにわが意を得たりとしたことも、またとうぜんといえよう。これもアフスとおなじく二十数年の年月を閲《けみ》したふるさけ「古今」の味香には、もの寂《さび》たなかにも生命の躍動をかんじる、ある種、文人趣味の味わいがある。

その一〇　静岡・磯自慢の巻

（平成三年十一月二十八日）

うすくそぎ切りにした、半透明の艶のある魚身が青磁の皿にきれいに敷いてある。そのとれたての太平洋の豊穣は、今朝《けさ》ご当地焼津の港にあがったばかりだ。このカワハギの刺身をみていると、太平洋ならぬ、つい数日まえの秩父山中でのことが憶いおこされる。

ふるくからの釣りの友人が埼玉県秩父郡荒川村の鄙野《ひや》で陶芸作家として窯をもっている。そこへひとりのお茶の先生と酒の仕事をなりわいとする友との三人で、都から旨いモノを携え遥ばるとやってきた。

その大指《おおざす》という名の、山襞に包みこまれたような静かな村落はそのとき、いまだ燃えのこった紅葉のなごりのなかに眠っていた。

表向きの用件は友の統率する酒販店グループのための焼物の依頼ということになっていたけれど、本音を云えばその魅力的な鄙屋《ひおく》の囲炉裏端での酒宴がたのしみで、こんな辺鄙《へんぴ》なる秩父の山奥に集うのだった。

きょうはそのために用意した〆張や豊の秋や寒梅の酒。久寿《くす》という名の麦焼酎の逸品。またわが友お得意のアイスワインに了《おわ》るラインワインの正宗。もちろん同行の先生ご自慢の「常茶」の幾つかも忘れない。

いっぽう、山家《やまが》の主の用意したものといえば、これはご禁制の鹿肉の刺身。かれの言をそのまま借りれば、それはただ杣道《そまみち》に落ちていたモノだそう。

そして本日の特別ゲストとして秩父にこのひとありと知られた手打蕎麦の名人「こいけ」のご主人がいる。お手のものの蕎麦切りを携えてきてくれたことは云うまでもなかろう。たのしい夜になりそうだ。

そして都から持参の旨いものというのが、冒頭の回想につながる、おなじ太平洋ながら駿州ならぬ房州の「カワハギ」ということなのだ。これはその前日、弟が「かわはぎ釣り研究会」の面面と、この時期苦労して釣ってきたお宝だ。カタは大小様ざまとはいえ大型で掌《てのひら》二枚分はある。そしてこの魚、身の旨さもさることながら、その肝《きも》はさながら海のフォアグラ。

さて、その回想はここで途切れる。

秩父のフォアグラが堪能するほど食べられたのにくらべ、焼津のやつに附いてきたのはほんの申し訳程度。それが不満といえば不満だ。そこで現実にもどったというワケだ。けれどゼイタクはいうまい。あれはおのれが苦労して釣ったればこその振る舞い。ここは料理屋なのだ。美は乱用してはいけない。

しかしつづいて「あかむつ」がでる。「めばる」がでる。「うるめ」がでる。「ながらみ」のジャリっとすこし砂っぽいのもなつかしい。

そしてそれに合せます酒がきょう期待の一本であるご当地焼津、というより駿河の銘酒のなかでも別格のひとつといえる、「酒友《さかとも》」寺岡さんの造る「磯自慢」。でてきた酒が「特別本醸造酒」。「特別」とついてはいるが、これはべつに「吟醸酒」ではない。いってみれば「普通酒」の範疇。

しかしこれがよかった。むろん吟醸からはとおいが、それでもうっすりとかそけき吟香をたたえて、なお厚みのある酒質は、カワハギのもつ底ぶかい滋味とまことに出会いといえた。

このへんで「酒友・磯自慢」の蔵のはなしにうつろうか。

まずこの「酒友《さかとも》」が嬉しい。ふるく江戸創業のころからの屋号ときく。これは口グセである「よき酒はよき友」とあい通じ、なんとも酒ずきをよろこばせる。この七百石そこそこのちいさな蔵は、まこと酒友のためにあるといってよかろう。

じっさい、蔵元ご子息の寺岡洋司さんに案内していただいた蔵内《くらうち》は、本当にあっという間にひとめぐりして、呆気なく、これがお見せするすべてですと宣《のたま》われてしまうほどだった。

旅にだす酒は吟醸関係だけで、普通酒はすべて地元にしか出回らないという。そして吟醸のみごとさはさておき、この普通の酒がたとえようもなくすばらしいのだ。

「磯自慢」の造り酒は、これは知るひとぞしることだろうが、れいの「河村酵母」がつかわれる。ご当地静岡の酒、なかでも吟醸をここまで育て、ゆうめいにしたこの救いの酵母は、どちらかというと「低酸型」の酒を醸《かも》すのが得意のようだ。その「河村酵母」のはなしをしだすととまらない。

しかしここ「酒友」さんのお酒が劃然《かくぜん》たる個性をもつゆえんは、その低酸に傾きがちな酸度から

南極あすか基地にて磯自慢を手にする著者

は想像できぬ、汲めども尽きぬ複雑な旨みであろう。

「磯自慢」の味香を「どろくさい」と評した試験所の先生がいたそうな。しかし洋司氏はきっぱりと云う。「じぶんたちはこのドロクサイといわれる味をたいせつにしてゆきたい。ほかとおなじ、ただ飲み口のよいだけの酒にはしたくない」と。

二年まえ、ながねんお蔵とともに苦労した地元「志太《した》杜氏」さんが七五歳の高齢で引退したあと、南部杜氏さんにかわって蔵の酒の味の変化をしんぱいしたが、その年すぐに滝野川の金賞〔※12〕をとり、いまはそれも杞憂におわったと笑う。

お蔵から帰って落ちつく間もあらばこそ、その感懐も覚めやらぬうちに、洋司さんにつぎのようなおもいを伝えずにはいられなかった。

「先日は造りもはじまりお忙しいなか、お時間を割いていただき恐縮の至りです。酒友・磯自慢の真髄をみたようないちにちでした。そしてまたおおくの教示を享《う》けたようにおもいます。そのすべてをここにかきつくすことは叶いませんが、そのなかでも洋司さんがおっしゃいました「泥臭い酒」のひとことが記憶にのこります。しかしいま、必ずしもその表現が適切とはおもわれません。泥臭いというよりも、あの島根の酒「豊の秋」とはちがった味香で、しかしおなじようにその酒に幾重にも畳み込まれ織りこまれた旨みが、次からつぎへと湧きいづる妙味こそが磯自慢の真骨頂かとおもわれるのです。

それにつけましても当夜の酒特別本醸造の印象ぶかかったこと！　さいしょの上立ち香《うわだ》〔※4〕と含みはてっきり中吟の酒とおもいこんでしまいました。

さっそくその感激を伝えんものと翌朝お電話さしあげたのですが、これがこちらの気の利かぬところ、朝の仕込みのもっともお忙しい時間だったとは！　しからばあの酒を求めんとした朝の焼津の酒屋さんもまだ開いてはおりませんでした。

その翌日の夜、おなじ静岡の清水で会合があったおり、参加者のおひとりにお蔵の「普通二級酒」をもってきていただきました。なにしろ特別本醸造にせよ普通二級にせよ県外へでてしまったら飲めませんものね。

当夜はみなさんのまえで、印象も生生しいお蔵とお酒について、ひとくさり喋ったのは云うまでもありません。

この普通二級は味の厚みこそ特別本醸造には至らないものの、それでも酒のもつ醇味は並の酒の

南極あすか基地・皐月節句の懐石料理と銘吟醸
（前列右から二番め、「磯自慢大吟醸」）

比ではなく、また飲み飽きしないよさは特筆モノとおもわれました。こんな酒が日常飲める地元のひとが羨ましいものです」。

云いわすれたが、この「酒友・磯自慢」も南極の地へ持っていかせていただいた酒であることを記しておく。

その一一　三重・喜代娘の巻

（平成三年二月二十二日）

伊勢湾はおもしろい処だ。なぜかといって、わがふるさと千葉の海にそっくりなのだ。千葉の海といっても外房州の荒海ではなく、むろんそれは波静かな東京湾をさす。内海で波穏やかなこともよく似ているし、四日市のコンビナートはそっくり千葉の臨海工業地帯だ。だから先輩格の四日市喘息までマネてしまった。

それはさておき、そんな内湾どうしであるから、海の産物もこれまたよく似ている。蛤《はまぐり》などの二枚貝や海苔《のり》など、まいどこちらのひとへの土産物には苦労する?!

酒のはなしをすれば、暖国千葉も酒処というイメージはまったく希薄だが、ご当地三重県も銘醸地としてことさらゆうめいとは云い難い。しかし、そんな故里千葉にいくつもの銘酒が息づくように、ここ三重の酒にも忘れるわけにはいかない蔵がある。

四日市のおとなり楠町にある「宮の雪」（これは「南極酒」）、海端からうんと山にはいった伊賀上野の「黒松翁」（これも「南極酒」）、近鉄でいくと伊賀上野への伊賀線の入口青山町の「若戎《わかえびす》」などが酒ずきにしられる酒蔵であろう。

そんな伊勢湾に面した鈴鹿市若松に、奥に聳《そび》える鈴鹿山脈からの伏流水をつかい、清酒「喜代娘」を造る清水醸造の蔵がある。さきの「宮の雪」の楠町は車で10分ほどのすぐおとなりだ。その宮の雪

南極観測船“しらせ”にて
清水慎一郎氏（右端）と著者（左端）

のお蔵に麦焼酎の銘品「久寿《くす》」（これも「南極酒」）があるように、ここ若松の清水醸造も本格米焼酎「鈴峰」（これも「南極酒」）を造る。楠町からここ鈴鹿にかけてはほんらい焼酎地帯なのだ。楠町など明治・大正期には三十軒からの焼酎蔵が甍《いらか》を連ね、楠の焼酎と謳われたそうな。

　その清水醸造の清水慎一郎氏（いや若き蔵元さんには失礼かもしれないが、ここでは以前どうよう慎一郎くんと呼ばせていただくほうがしたしみがあってよろしい）とは、ひょんなことで知りあいになり、そのつきあいがいまもつづいている。

　それというのが、かれがそのころ研修にきていた東京のある酒の輸入卸業者さんに南極の酒の面倒をみていただくことになり、その南極係？としてかれを紹介されたというワケなのだ。ひとくちに南極の酒といっても、われらが第二九次南極観測隊・あすか基地越冬隊の酒は、わが国を代表する銘吟醸の数数をはじめ世界ぢゅうの銘酒を数おおく持ちこんだため、その集荷、免税処理、梱包、積み荷リスト作成など、慣れない業者さんにとってはひじょうに厄介なことだらけなのだ。梱包ひとつとっても環境の厳しい地への南極仕様は想像に余りある。

　そのかれとはとうじ、いろいろなはなしをしたものだ。前蔵元のお父上からいずれは継ぐはずの家業にたいして、それにはむろんかれ慎一郎くんなりの夢があった。そのひとつがお蔵の造り酒を海の向こうのイギリス国で認めてもらいたいというものである。なぜイギリスなのかはきわめて個人的なことなのだが、とうじふたりともかの国のアマチュアリズムに傾倒していたのだ。ワインはじめ世のたのしみごとのおおくを（それを支える植民地主義のお蔭とはいえ）、民族とくゆうのねちっこさでとことん追求することに感心していたというワケだ。さいきん、お父上の跡を継ぎ、その責任の重さとともに、かれには洋洋の未来がある。

喜代娘　御父上の前蔵元と清水慎一郎蔵元

いま日本酒のお蔵元のおおくは代替りしようとしている。前蔵元さんからバトンタッチされて、これからわがお蔵を背負って立つ、これら三十代から五十代のわかき蔵元さんたちは、代替りしない杜氏さんのもんだいをかかえて、いま己れの酒の確立を逼られている。

その喜代娘の酒に注目している。三重県の酒にはとうぜんながら風土の翳《かげ》が色濃く匂う。さきに千葉県の風土との比較共通をかいたが、云うまでもなく千葉のそれとはおのずとことなる。

いっぱんに三重酒にはその気候風土のよさからくるのだろうか、ゆったりとした逼《せま》らざる余裕をかんずる。しかしまた、

喜代娘　十五年秘蔵米焼酎古酒
銘“大黒屋光太夫”

その裏がえしとして、ややもするとなにかキレのよろしからぬ、もったりとした良家のボンボン風の味香がかおをだすことがある。千葉の酒のときとして、こまかいコトには拘《こだわ》らぬ漁師気質のようなものをかんずるのとはまた異質だ。

清水醸造の先代の造り酒については寡聞にして存じあげないが、しかしいま「吉兆瑞星」銘でだす限定純米酒は、醇な酒のハバをもちながら、しかも軽快な酸のキレをも実現して、三重の酒のめざす注目すべき方向を向いているといえよう。今醸造年度よりお蔵に従来からおられる杜氏さんとはべつに、吟醸専門の杜氏さんをあらたに蔵に招き、その方面の深化も期待できる。たのしみなことである。

南極に持っていかせていただいた酒に、さきに記した「鈴峰」銘の米焼酎十年古酒がある。この酒の軽快感とふくよかさのバランスは褒められるべきだが、この酒をさらに重厚かつ格調たかくした十五年貯蔵の秘蔵酒が「大黒屋光太夫」の名でだされることになった。

作家井上靖の作でしられる『おろしや国酔夢譚』の主人公の名からとった酒銘には、むろんそれなりの謂われがある。この小説の内容は徳間書店の文庫本でもよんでいただくことにしていまはかかない。ここでその酒銘のはなしだけすれば、主人公光太夫は奇しくもお蔵のあるここ伊勢若松の出身なのだ。そして天明二年（1782年）十二月十三日、ここ伊勢白子の浜を船頭光太夫の操る神昌丸は江戸に向け出帆したのだ。行く手に待ちうける己が数奇な運命などむろん知りえようはずもなく。しかも清水家の屋号を「大黒屋」という。これでお判り戴けただろうか。

いまはやりの一村一品運動とはなんの関係もないが、かれ慎一郎くんが自慢の秘蔵の酒に「大黒屋光太夫」と名附けたかった理由《わけ》が痛いほど伝わる。この六月（1992年）の末には緒形拳主演の劇場映画となって『おろしや国酔夢譚』は封切られるという。これもまたたのしみなことではないか。

その一二　京都・月の桂の巻

（平成七年七月十一日）

このお蔵には浅からぬ縁がある。三十年ほどのむかし、昭和三十年代のおわりごろ、わが国にドイツワインの銘醸がはじめて輸入された黎明期のはなしである。

カメラのライカはじめエルンスト・ライツ社の精密機器の輸入でしられた旧シュミット商会社長、井上鍾《あつむ》氏の個人的な趣味心からすべてがはじまった。

井上氏は心ゆるせる数人の趣味人たちと、そのころ日本においてはまったく未知のワインだった独逸《ドイツ》の正宗をひそかにたのしんでいたのだ。そこに集まったメンバー（なかには故坂口謹一郎先生もおいでになった）のひとりに、表題「月の桂」の先代社長増田徳兵衛氏もおられた（ついでに云えば徳兵衛氏は最初期のジャーマンワイン・アカデミーの卒業生でもあった）。そこに遅ればせながらそのころはまだ学生だったひとりの世間しらずの若造が加わらせていただくことになる。

そしていつか「どいつわいんのつどい」とよばれるようになったワインの会に、増田氏はとうじ走りだしてまもない新幹線に乗ってかかさず上京してくださった憶い出はわすれられない。あの坂口先生もほんのときたまではあったがお顔を見せて戴いたものだった。

二〇世紀の大銘醸年1953年、59年がもっとも生きいきとして華やかなときであった。とうじをご存知の（そのころはまだお若かったろう）現社長蔵元の増田泉彦氏と懐古譚に耽るのもわるくない。

月の桂　増田泉彦蔵元（後列左端）、酒販専門店グループのメンバーと。

あの時代の独逸《ドイツ》ワインをしるひともめっきり尠なくなってしまった。

さて「月の桂」である。

国道一号線にそって平行に延びる旧千本通りにめんして、1675年創業、三百年の刻をへる古蔵である。1.5トンの半仕舞い〔※19〕、千五百石ほどの小蔵である月の桂、増田徳兵衛商店は「にごり酒」（お蔵では「天乳」という）の草分けとしてしられる。ほかの蔵では醪《もろみ》から「すみ酒」を取ったあとで造ることがおおい（一引《いちび》き時のオリ酒〔※7〕など）「にごり酒」だが、このお蔵ではその全生産量の半量もが濁り酒という特異さなので、むろん濁り酒専用の醪タンクをなん十本も立てることになる。上槽《じょうそう》〔※26〕（搾り）もまた特異なもので、いうまでもなく「ヤブタ」（連続式圧搾機）や「槽《ふね》」（人力あるいは機械式圧搾機）はつかわない。それにはメッシュの細かいステンレスの大笊《ざる》を醪に沈め、その目を漉《こ》されてきた「濁酒《だくしゅ》」をすぐに瓶詰めし、マイナス5℃で貯蔵する。これで瓶内酵母も活性を失なわない。この大笊上槽法がお蔵のいう「大極上中汲み」の「中汲み」の由来である。ピリピリと炭酸ガスも若わかしく、味おおく濃いくせに酸のキレもよろしく、スイスイと喉をとおる。冬出来たてのこの酒を暖房の利いた室内《へや》で飲ったら最高だろう。むろん管理されて一年ぢゅう出荷されるが、その時期によって瓶内のガス圧は変化する。にごり酒の草分けの貫禄充分である。

この「大極上中汲み酒」にも憶い出がある。二十年ほどのむかし、いま世間様をお騒がせしている（れいのオウム）山梨県上九一色村にある富士五湖のひとつ「本栖湖《もとすこ》」の二月、マイナス20℃いかと南極なみに気温のさがるその湖に、腰まで水に立ち込み、ひがないちにち、釣竿のガイドも凍りラインもこおる厳冬期のはなし。そこに棲むという巨大なモンスター・ブラウン鱒をねらっていたのである。

あまりの寒さに堪えかねて近処の酒屋（なんてあるハズもなく、ずいぶんととおかったなァ）から買ってきた酒二本。これがとうじからあった「月の桂にごり酒」。これを友とふたりグビグビとやるのだが寒さがさむさ、呑めどものめども一向に利いてこない。ふたりとも若かった。気がついたときには二本の瓶はとうにカラになり、「にごり酒と親の意見はあとで利く!!」とか。おそまつでした。

この由緒ただしき月の桂のお蔵はまた、大分県国東《くにさき》の西の関、千葉県大原の木戸泉とならび古酒、秘蔵酒〔※37〕の草分けとしても忘れてはならない。これら三蔵が古酒造りにおいて、坂口謹一郎先生の遺訓をただしくも現在に伝えているのは、これまたグウゼンと看過できようか!

この三つの蔵の古酒に共通するのは、その酒が吟醸出来か純米出来かを問わず（月の桂と西の関は吟醸、木戸泉は純米）、その造り酒を常温で囲っておくということ。しかもその年経た酒がどれも世に一般の古酒のように「老酒《ラオチュウ》」あるいは「陳年酒《ちんねんしゅ》」みたような酒（増田蔵元の表現）にはならないということ。月の桂十年秘蔵「琥珀光《こはくこう》」などは色は淡い麦ワラ色で、これが十年かとおどろくほど若い。そのためには一様に「勁《つよ》い酒」（大分「西の関」萱島《かやしま》蔵元の表現）を造ることがこれら三つのお蔵に共通する。なかでも麹《こうじ》造り〔※15〕はそのもっとも重要な要素といえようか。

それではここに月の桂の酒をいくつか、唎《き》き酒ノートより拾ってみよう。

◆低アルコール酒（未市販）

アルコール分８度で酸度なんと６ほどもある高酸味酒。日本酒度もマイナス６はあるが、その高酸度のせいで飲み口はまことに爽やか。一回火入れの酒でさいしょの上立《うわだ》ちにかすかな生《なま》っ香《か》をかんじる。米の酒としてのアイデンティティもじゅうぶんあり、よく冷やして旬の夏酒によろし。

高酸味酒はいっぱんに焼酎酵母やワイン酵母のつかわれるコトがおおいのだが、このお蔵の酒は純粋に「協会七号」〔※11〕と「九号」が使用される。麹歩合のたかさがその製法上の特色。これはそのむかしの「延喜式」の酒をおもわせる。

ちなみにこの酒はのちに「奇想天外」「抱腹絶倒」と名づけられて市販されることになる。

◆平安京・純米吟醸

地元京都の酒米「祝」をつかい、味香もそのネーミングどおり平安京を想わせる「雅《みやび》」なものにしたいと増田蔵元。祝米は心白のたいへんおおきな酒造好適米で、ゆうめいな山田錦よりもまだおおきいという。しかしあまりにおおきくて高精白には耐え難いのだと。

それはともかく、最初のもくろみとちがって、アルコールは16度強とたかめ、日本酒度もプラス0.5と少少甘め。やわらかな心白のおおきい祝米の融けやすさがここにでたのか。しかも一年半ほど寝かせたこの酒は上品と云うより味もおおく、蔵元のこのみが優先してしまった感があるのはほほえましい。

◆藝《げい》・三年秘蔵大吟古酒

◆琥珀光《こはくこう》・十年秘蔵大吟古酒

◆二十年貯蔵大吟古酒（未市販）

三十年まえから古酒化をはじめたという。ということは三十年物も蔵内に眠っているか。

20ℓ入りの特別注文の白磁の甕《かめ》に桐の栓をして和紙で密封する。それを蔵内の冷暗処に常温で貯蔵する。

この白磁の斗甕《とがめ》はその製作年代のちがいで酒の熟成が微妙に異なってくるという。焼くときの条件のちがいによる肌にできる貫乳《かんにゅう》が影響するのかもしれない。だからオモシロイともおっしゃる。老酒《ラオチュウ》色になるよりも黄緑色に変化したときの酒が最高とは、これも蔵元。

中国にも最上の酒を「緑酒」というではないか。そのむかし麦焼酎で翠緑《すいりょく》色になった甕貯蔵の原酒をみたことがある。旨い酒だった。

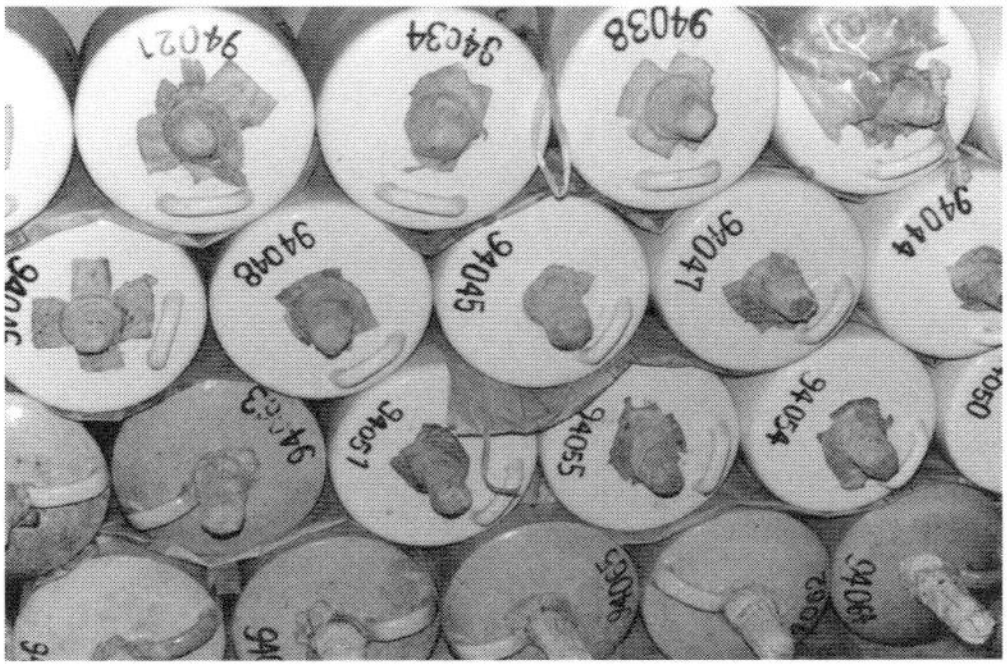

白磁の斗甕《とがめ》

さて三年貯蔵の「藝」。十年でも若さがのこる勁《つよ》い酒だもの、三年甕貯はまだまだ熟成がたのしみ。しかし三年とはいえそこは熟成酒。まろやかな苦味（古酒の特徴）と軽やかな酸が、しっとりとした古酒《ふるさけ》の奥床しさを漂わせる。常温でねかせたものは常温で、とはここでも云える金言か。

さてその常温で飲む二十年ものはどうだったろうか。

色調はあくまで赤茶色になるのを拒絶するかのような淡い山吹色。少少色濃いドイツワインのアウスレーゼ〔※1〕といった風情。そしてよくできた吟醸古酒に特有なキャラ香、ナッツ香、ハチミツ香が複雑に入り混じり、そこにかそけき苦味が加わった二十年モノの味香は、あるところで昭和三八年産の西の関秘蔵酒と共通するものをもつ。これらは吟醸古酒というもののひとつの型となろう。

その一三　香川・綾菊の巻

（平成二年六月三十日）

綾菊酒造の岡田さんとはおもいがけない処で再会したのだった。四国香川の丸亀にある酒販店さんの開店指導に行ったとき、はからずも綾菊から手伝いにきていた岡田さんと顔をあわせてしまったのだ。おたがいしばらくのあいだ、どこかでお会いしたようだとおもっていた。そしてかれの胸のネームをみておもいだした。かれとは吟醸酒協会のパーティーなどで、綾菊の社員として時どきおめにかかっていたのだった。

さてそれからははなしがはやい。蔵にはむろんアポイントメントは取ってあったが、なにしろ綾菊のお蔵は交通の便がよろしくない。岡田さんと行動をともにできるのは、不慣れな土地柄、なにもましてありがたかった。

香川県綾歌郡綾上町の綾菊酒造。酒ずきのかたならしらぬものとてない四国の有名蔵である。滝野川春の新酒鑑評会十三回連続金賞受賞。香川の地米である酒造米オオセトから造る、西の酒には稀な淡麗でゆかしい吟醸酒。蔵元・杜氏はむろんのこと蔵の幹部を技能集団でかためた稀有な酒蔵。そんな数数の伝説に飾られた綾菊の酒だ。

それよりも、なぜいま綾菊なのか。それはこの蔵が南極44場65銘醸のひとつだったというワケなのだ。第二九次南極観測隊隊員として、南極あすか基地に越冬するにあたって、ひとりの酒ずきはとうぜんのごとく旨い酒集めに奔走した。けっか、これはほかにもかいたことだが、清酒、ワイン、ウイスキーはじめおおくの銘酒が「あすか」に集まった。南極の自然やこれら南極の酒たちのはなしは、いずれまたおはなしする機会もあろう、そんな因縁あさからぬ綾菊だからこそ、四国にきたからにはゼヒとも寄らねばならない蔵なのである。

それにしても讃岐の地は溜池とうどん屋のおおい処だ。石を投げれば池に落ちるかうどん屋に当たるかといったぐあいだ。

雨のすくないこの地方は、弘法大師伝説の満濃池をはじめ田圃一枚池一枚といわれるほど溜池がおおい。この乾燥した気候は、これまた弘法大師が伝えたといわれる麦（一説にはうどんの製法）の栽培にもぴったりなのだ。むろん酒造米オオセトやセトホマレといった地米の栽培にもこの溜池の水はなくてはならない。綾川がいかに水清く流れようとも、讃岐の地に溜池は必須なのだというはなしをしたかったワケだ。

さてその「うどん」である。もう讃岐ウドンといえばなんの説明もいらぬほどの全国知名度にあるが、じっさいに讃岐の地にきてみると、そのパワー、土地のひとびとがうどんに賭ける熱意と思い入れに、どなたも圧倒されてしまうことだろう。

だが待たれよ。関東の人間にしてみれば「たかがウドン、あんなモノは女子供の喰うものだ」という意識がいつも頭の片隅にある。うどん文化圏、そば文化圏という云いかたをすれば、たしかに関東以北はそば文化圏だ。そちらで育ったものからみれば蕎麦のもつ味、香りのふかさとバラエティに傾倒するあまり、ついついうどんにもおなじ味香を求めてしまいがちだ。（蛇足ながら蕎麦のもつこの特質と味香が、蕎麦嫌いのひとにとっては、逆にソバを敬遠する原因となっているのは否めない）

小麦粉にそれなりの味があることはいうまでもないが、それにもましてうどんはコシ、喉ごしなどの食感をたいせつにする食べ物だとおもう。それは蕎麦とどうよう粉をえらぶことはむろん重要なことだが、打ちや茹《ゆ》でがその食味のかなりの部分を決めるだろう。

そんな「打ち」が売り物の、知るひとぞしるといううどん屋に、綾菊の岡田さんに連れていってもらった。おなじ「手打ち」といっても粉からの伸《の》し、茹でまでオール手打ちの店は、香川でももう何軒もないという。

名山讃岐富士の麓から複雑な農道をしばらく奥へはいりこむと、なにやらふつうの農家、あるいは民家の、それも物置小屋風があらわれた。「うどん」とだけかかれたウラブレた暖簾《のれん》が、そぼ降る雨のなか、頼りなげに揺れている。しかしまだ昼前だというのに、どこから集まってくるのか、広からぬ店（これでも店？　なかは三和土《たたき》というより剥《む》きだしの土間だ）はもうかなり立て込んでいる。奥は打ち場、手前の半分は釜場（茹で場）。もうはんぶんの狭い空間でみなさん立ち喰いだ。はいりきれないひとは小糠雨のそぼ降る、そとのぬかるみで食べている。

客はみな、勝手しったるという風情で、うどん玉をふたつ、みっつとじぶんで釜に投げいれている。案内してくださった岡田さんによれば、薬味の葱《ねぎ》がなくなれば裏の畑で抜いてきて、勝手に刻んでつかう客もいるそうだ。ふつうは釜揚げ（ここでは茹で湯といっしょに木桶《きおけ》で供するいわゆる釜揚げではなく、茹で湯を振った、蕎麦でいう「熱盛《あつも》り」のこと）にして薬味葱と生《き》醤油をかけて食するが、お好みでツユも用意してある。

さて、かんじんのうどんはさすがにウドン粉（中力小麦粉）特有のむっちりしたコシがあり、これは生粉《きこう》打ちの蕎麦のほっくりしたコシとも割り粉（つなぎ）に強力粉をつかった二八蕎麦のシコシコ感ともちがう、なんともうれしいやさしさだった！

綾菊の近く“中村うどん”

それにしても、まだこういう店の繁盛していることや、生醤油をかけて食うという素朴さをみても、うどんはここ讃岐のひとたちにとって、ふかく生活に溶けこんだ日常食だったことに、迂闊にもいまさらながら気がついたのだ。

お値段のほども二玉一人前百七十円也という驚くべき大衆値段。ちなみに岡田さんにこのうどん屋の屋号を聞くと、とくにないという。しいて云えば中村さんというかたがやっているから、「中村うどん」とでもしておいたらだって?!

酒蔵を訪ねる旅の季節としては、梅雨どきのいまはまことに不都合。むろん蔵人はすべて故郷に帰り、蔵内《くらうち》はきちんと片附けられたまま、つぎの造りのときを待っている。

綾菊の研究室にて唎き酒

それはここ綾菊の蔵もおなじこと。国重《くにしげ》杜氏や泉谷専務のおはなしは、ざんねんながらお聞きすることはかなわなかった。

しかし寺島総務部長さんや岡田さんのていねいな案内で、綾菊の概要や造りの隅ずみまでしることができたのは倖いだった。

綾菊の蔵の特徴をひとことで述べれば、それはさきにも触れたように、蔵の管理職の方がたすべてが酒造のエキスパート、云いかえれば技能集団であるということが、ほかの蔵にはない卓越したところであろう。造りの関係者が酒造りを知悉しているのはとうぜんとしても、社長（蔵元）やまして営業のひとまでが酒造りを細部にわたって熟知している蔵はすくないものだ。

また造りの特徴はといえば、これも繰りかえしになるが、徹底した地米の使用とその米の磨きに尽きるだろう（地米ゆえに心おきなく磨ける）。大吟醸とはいえ35%という高精白の磨きも綾菊が嚆矢《こうし》とおもう。この磨きが綾菊の造り酒のもつきれいな酒質を支えているのはまちがいあるまい。しかもその酒はたんにきれいなだけでは了《おわ》らない。「寿司米」にしてもさいこうという酒米オオセトから由来するのであろうか、これまたきれいな酸のもたらすキレのよさが、しっかりと酒をささえるのである。

ついついはなしに熱がはいり、腰をあげるのが遅くなってしまった。さてそれでは、つぎの目的地、金比羅さんのお膝元琴平に向かうことにしよう。

（左より）泉谷武信氏、小柳才治氏、
国重杜氏、著者。

その一四　香川・金陵の巻

（平成二年七月一日）

琴平の夜は身分不相応な豪華ホテルで過ごすことになってしまった。

その日お邪魔したおなじ香川の綾菊さんが、気をきかせてそんな宿を手配してくださったのだ。部屋の窓からは金倉川をすぐしたに見おろして、眼をうえに向ければ、昨日よりおなじみの讃岐富士がその形のよい姿をみせている。ざんねんながら金刀比羅宮《ことひら》のある象頭山は部屋の裏側にあたり、ここからはみえない。

金比羅さんのお膝元ここ琴平は、海からすこし山にはいったとはいえ、そこはせまい香川県のこと海の幸にはコト欠かない。だいいち金比羅さんは海運の神様ではないか。その夜の食膳には「めばる」「まだこ」はじめ瀬戸内海の海凝《かいぎょう》が並んだ。

一夜明けると、その朝東京を飛行機で発った西野金陵㈱東京営業所所長の湯浅さんが、早ばやとホテルまで迎えにきてくださったのには恐縮するばかりだった。

さっそく金比羅さんの参道途中にある「金陵の郷」にご案内ねがう。あらためて申すまでもなく金陵は金比羅さんの御神酒《おみき》である。

その金陵がこれまた南極銘吟醸のひとつなのだ。持っていった酒の名は金陵「煌《きらめき》」という大吟醸。それにその大吟醸を「あすか基地」入口前で抱えた南極の写真が、全倍という大伸ばしになってこの酒の資料館に飾ってあるハズだ。ここも訪れねばならない蔵だったというわけである。

さて、「金陵の郷」はもともとじっさいに造りをしていた蔵を改築して酒の博物館にこしらえあげたもの。だからいまも一部の酒（吟醸）はここで造っている。そしてのこりのたいはんはここ琴平から程ちかい多度津の工場が受けもっている。その「金陵の郷」はいってみればほかの大多数の酒の資料館どうよう、造りの解説と酒造りにつかった古き時代の道具たちの展示館だ。だからこれらの道具をみてまちがわないでもらいたいのは、これはあくまで見せるためのモノ。多度津の工場では機械化がうんと進んでいるのはとうぜんのことだ。ちなみに金陵は四国でもコンピュータ制御の酒造りにもっとも熱心な蔵のひとつである。

金比羅宮と金陵の湯浅所長

この資料館のなかの「お休み処」で金陵の酒が飲めるのはとうぜんといえよう。なにはともあれよく冷えた吟醸でひと息つくことにしよう。

金陵の吟醸にはいわゆる中吟醸酒質の「吟醸」、それからより高精白の「大吟醸」、そして特別大吟醸ともいうべき「煌《きらめき》」の三つがある。そのなかでもさいしょに挙げた「吟醸」がすきだ。これはほかの蔵の酒にも云えるが、いっぱんに酒質のよい中吟クラスに飲み飽きしない旨酒がおおい。金陵の中吟もつよすぎない、うっすりとした吟香とほのかなやさしみがあり、ついこちらのほうに手が伸びてしまうのだった。

この金比羅の酒に合わせます肴は讃岐名物「かまてん」。瀬戸内の新鮮な白身魚をすりつぶして造る蒲鉾やそれを揚げたものだ。これがなかなかオツな味で、こういう喉越しのよい讃岐の酒（そういえば昨日の綾菊の酒もそうだったな）に、まこと結構な出会いだった。もうひとつ、忘れてならない讃岐の食味に、これまた弘法さん伝説の「醤油豆」がある。焙烙《ほうろく》で煎った蚕豆《ソラマメ》を調味した醤油に漬けたもの。糸に切った近江生姜を添えるとぐんと味がひきたち、これも酒の酒菜にはよろしいものだ。


そろそろお神輿《みこし》をあげてかんじんの金比羅詣でに出発しよう。

もう金陵さんのまえの通りは門前市を成すにぎやかな参道だ。その参道のいよいよ千三百六十八段の石段のはじまるすぐてまえに、ふるい旅籠《はたご》風の名物蕎麦屋「虎屋」がある。まあそれは帰りのおたのしみにして、いまは名物に旨いモノなしにならないことを祈ろう。

表参道三百六十五段をまず登りきって大門をくぐると、純白の大日除け傘が眩しい五人百姓とよばれる五軒の飴屋が店開きしている。

さて、とりあえずの目標である金比羅本宮までの道のりは、あと七百八十五段とまだまだ前途遼遠である。団体さんを引きつれた案内のおばちゃん、おぢちゃんの名口上に聞き惚れながら、梅雨時の蒸し暑さのなかを汗を拭きふき本宮への石段を辿《たど》る。とちゅうの書院、円山応挙はじめ、おおくの障壁画でしられた重文指定の建築は帰路のたのしみとしてさきを急ごう。

千百五十段を登りつめれば、いよいよ北東に見晴らしのひらけた本宮境内である。襟元から風をいれるため展望よろしきほうに寄ると、こじんまりした讃岐平野と讃岐富士、そのむこうには本州からそれを渡ってやってきた瀬戸大橋と瀬戸内の海。箱庭のような眺めが広がる。その瀬戸内海に向かって、境内にはむかしの灯台（灯籠）があったところをみても、いかに海から近く、またささやかな景色であるかが判ろうというもの。汗もひいたところであと幾段かでもないが奥の院は割愛し、山を降りることにしよう。そういえば海運の神さんだけあって、本宮脇社に奉納されたたくさんの船舶の写真のなかに、わがなつかしの南極観測船しらせの勇姿があったことかきそえておく。

金陵お休み処の南極写真

　行きに通りすぎてしまった、入母屋造り、檜皮葺《ひわだぶ》きの表書院。応挙はむろんみごとだったが、それよりも金陵の湯浅さんのおかげで特別の計らいとでもいおうか、その奥書院の拝見まで許されたのだ。緑青をたくみにつかった襖絵の数数、花鳥画、山水画、そしてよりみごたえのある蝶の細密画。ただ感嘆するのみだった。

　帰路でざんねんだったのは、たしかに名物に旨いものナシ。虎屋の蕎麦がやはりいまひとつだったということ。それは味香も茹《ゆ》でも供出も観光地ソバの域をでるものではなかった。

「讃岐三白」ということばがある。ふるくは「塩、棉《わた》、砂糖」を指したようだが、いまは棉のかわりに小麦粉なのだそうだ。このうち小麦粉はむろんウドンになり、砂糖はこれもよくしられた讃岐の和三盆となる。また塩は小豆島の醤油造りにこれまた欠かせない。しかし、われら酒徒にとっての讃岐三白は「米、水、酒」とでも云っておこうか?!

この讃岐の米は「スシ米」といわれるように、他県の酒造米（たとえば大粒心白米）〔※22〕とは少少体質を異にするようだ。そしてこのスシ米という米のもつ性質が讃岐の淡麗な酒質に一役買っているのではあるまいか。むろん地米であるからこそ、云わずもがな心おきなく磨くことができようというもの（このことは綾菊の蔵でも強調していた）。

さて、いっぽんに波穏やかな海（瀬戸内に浮かぶおおくの島のあいだのせまい海峡や潮汐《ちょうせき》の差に由来する急流はあるにしても）に面した讃岐の酒と大海原の波濤逆巻く海を臨む土佐の酒とでは、同じ四国において瀬戸内海の魚と太平洋の魚（けっか、その料理においても）がちがうように、そこに劃然たる相違をみわけることができよう。

ちなみに讃岐の酒は淡麗ではあっても辛口すぎずに瀬戸内のやさしい魚と合性がよろしい。いっぽう土佐の酒はといえば、これはより辛口方向に振っており、これが味厚い太平洋の魚とこれまたよき出会いなのだ。これをしも「風土の酒」と云わずしてなんといおう。

その一五　愛媛・梅錦の巻

（平成二年六月二十九日）

銘酒「梅錦」社長・山川浩一郎氏の他の追随をゆるさぬ一徹ぶりには、蔵を訪ねてお会いしたそうそう、たじたじとさせられるものがあった。

それははじめて梅錦を飲んだときの驚きに相つうずるものであったようにおもう。その酒、梅錦「純米原酒・酒一筋」のもつ、日本全国どの地方の酒、北の酒はむろんのこと西の酒においてすら較べるもののない、劃然たる独自一徹の味わいを彷彿させるものであった。そののちに飲んだ「純米大吟醸」（これは南極44場65銘酒のひとつ）のどっしりとした「吟醸の草分け」ぶりにも、むろんそれは強烈にかんじられるものだった。

さて、讃岐から伊予にむかって国境を越えるとすぐに、梅錦、山川酒造のある川之江市だ。伊予川之江は紙のまちとしてしられた処。市内を流れる金生川ぞいにある「紙のまち資料館」は一見の価値がある。紙と酒はともに良水を求める。納得のいくはなしである。

その良水の源、石鎚《いしづち》山系に発する金生川の支流三角寺川を遡ったところ、R192から四国霊場第六十五番札所三角寺に至る路ぞいに、めざす梅錦のお蔵はある。

梅錦の酒については、すでにもうたくさんの方がたがなにかについて触れられてあり、ここで浅学

梅錦・山川酒造お蔵元

なもののでる幕もないとおもわれるが、それでもふれずにはおれない何かがこのお蔵にはある。

みちに面したふるくからの母屋が、これまた梅錦の顔とでもいうべき格調たかい雰囲気にあふれているのだが、そのうしろにひかくてき新しい白亜の蔵造り風三階建ての建築がまぶしい。そこは仕込みと酛《もと》場（酒母造り）としてつかわれている。

しかし、そういった華やかな建物の陰に隠れてめだたないが、別棟の麹室《こうじむろ》の広大さははじめてそれを見るもののめを欹《そばだ》たせずにはおかぬ。ふつうの蔵の（万石単位の蔵でさえ）麹室を見慣れた眸《め》は、そのちいさな体育館ほどもある大部屋になんとも説明のつかない奇妙さをかんじるのだ。これが「梅錦」の造りの特筆大書きすべき特徴、「全量蓋《ふた》麹《こうじ》」〔※39〕を説明し、またそれを可能にする特別室である。

つまり、「一麹、二酛、三醪（造り）」〔※15〕と云われるそのだいじな麹造りが、吟醸酒から普通酒まで、その使用する麹の全量を一升盛りの麹蓋《こうじぶた》でおこなうこと。それはかんがえるまでもなく驚異的なコトである。ふつうは吟醸造りにしか用いない「蓋麹法」ですぞ！

そのための蔵人の数が、二万石強の蔵にしておどろくなかれ今年は五五人という。槽場《ふなば》〔※40〕のうえにはそのひとたちの寝泊まりするための、これまたひろい部屋が確保してある。

山川蔵元は語る。

「永年の夢だった全量蓋麹の完成には全力を注ぎましたが、それを完成させたとたん、これからの維持管理を思うと、いまその運営に頭を抱えています」と。さもあろう。

広大な面積の麹室（これでもその一部）

昨今の杜氏さんたちの高齢化、蔵人の人手不足。もっとスマートな仕事を望むのは今の世、いまのひとの通例であろう。どの蔵もわかいひとの対策にはあたまを痛めている。待遇改善、仕事環境改善はどの蔵も力をいれざるをえない時代なのだ。
そんないっけん時代に逆行するかにみえる梅錦の麹造りだが、それが己が蔵の酒質を支えていると心ふかく確信している山川蔵元の一徹さは、なにか爽快ですらある。そしてその心意気がこれからも梅錦を支えつづけていくことに寸毫の疑念もない。
むろん、この蔵の酒を光らせているものが、ひとつ麹造りばかりにあるのではない。名人但馬《たじま》杜氏阿瀬《あぜ》鷹治《たかじ》とその後継者で現杜氏の山根福平、そして蔵元山川浩一郎までも

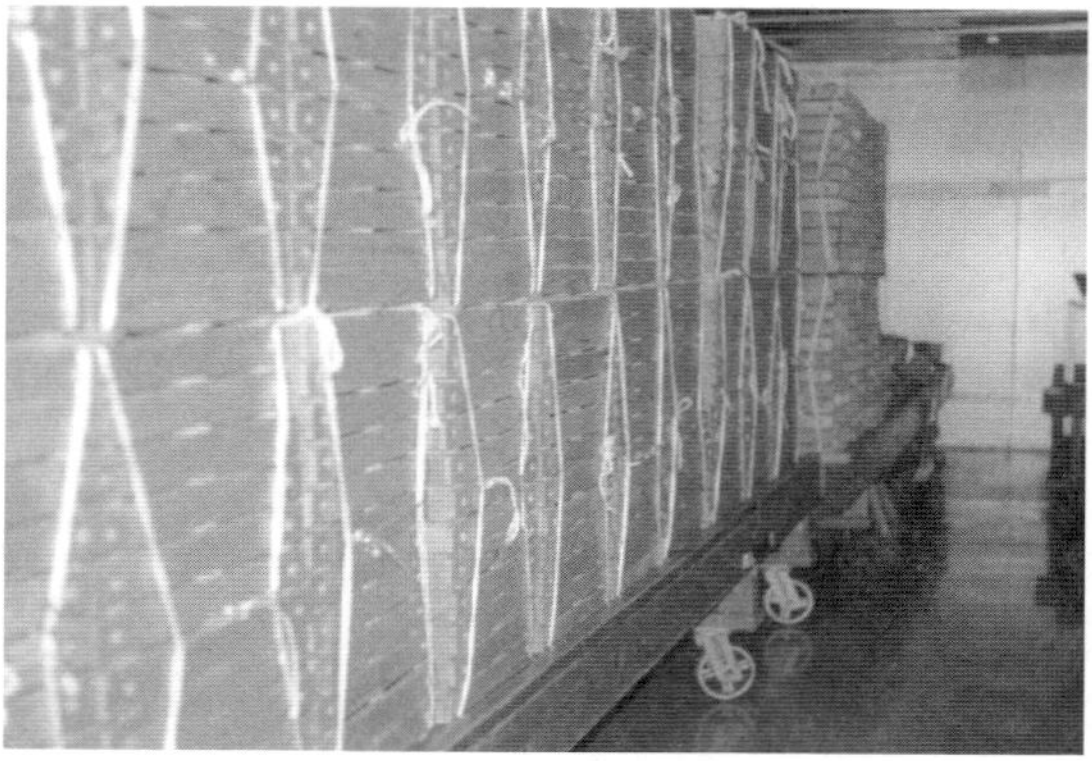
厖大な数の麹蓋

が、あのゆうめいな熊本県酒造研究所（熊本香露《こうろ》酵母、ならびに協会九号酵母〔※11〕発祥の蔵。〈その二四　熊本・香露の巻〉参照）の薫陶を受けているという事実。それかあらぬか、梅錦の蔵ではそのいちぶに七号真澄《ますみ》酵母もつかうが、そのたいはんは熊本香露酵母だ。

その香露酵母で造った酒の究極がその名も「梅錦・究極の酒」。掛米、麹米とも山田錦を30％まで磨きぬいたもの。おなじく35％精白の「雲華《うんげ》」とともに、さいきんの梅錦の傑作酒であろう。その味わいは45％精白の「純米大吟醸」（前出南極酒）のもつ西の酒の醇味をそのままに、吟醸草分けのどっしりした貫禄と極味《ごくみ》に凜とした一陣の爽快さを加味した忘れがたいものである。

そしてもうひとつの忘れてはならない酒がこの巻の劈頭に記した、過去純米酒のほんらいのうまさに眸をひらかせられた画期的な酒のひとつ、その名も梅錦「酒一筋」なのは云うまでもない。しっかりした酸とアルコールの、すこし甘《あま》に振った堂堂たる旨口酒だ。

伊予の肴をこんな酒でやったら堪《こた》えられないだろうとは、鄙《いや》しい酒飲みならずとも誰しもおもわずにはいられまい。

そんなたのしい夢は、これも梅錦ゆかりの料亭「古辰《ふるたつ》」で叶えることができよう。蔵のちかくの岡のうえに築《た》つこの名料亭は、先先代蔵元のころ、時代は明治のなかば梅錦の子郎党のひとりによって創業していらい、川魚と瀬戸内の魚料理で名声を恣《ほしいまま》にしてきたという。

今宵の夢も、お蔵が設けてくださったこの名店のお座敷で、伊予の旨いものと梅錦の旨酒で結ぶことにしよう。そして山川蔵元のもうひとつの夢、瀬戸内海に浮かぶ小島の梅茂る林に、梅錦の蔵と酒の学校をつくりたいというロマンに、ささやかな酒徒がつつしんで盃を捧げよう。

その一六　四国の旅の巻

（平成三年三月三一日～四月一日）

日本列島をひろく見渡せば、少少乱暴な云いかたになるが、その東は蕎麦文化圏、西は饂飩《うどん》文化圏と称しておおきなまちがいはなかろう。しかしその西にも、飛び地のようにポツリポツリと蕎麦の里としてしられる処が無くはないのだ、

人口に膾炙《かいしゃ》した島根の出雲蕎麦をはじめ、おなじ系統の城下町松江の蕎麦。兵庫但馬の出石《いづし》蕎麦。めずらしいところでは日本海対馬《つしま》の幻の対州《たいしゅう》蕎麦。九州に渡れば熊本の肥後蕎麦を筆頭に宮崎の日向蕎麦、鹿児島の薩摩蕎麦。福岡にも蕎麦店がおおい。なにしろ九州はあまりしられていない事実だが、国内産蕎麦粉生産では北海道につぐ第二の産額を誇るのだ。もっともそのうちかなりの量が、これまた名物の蕎麦焼酎になってしまうのだろうけれど。

さて、ここウドン文化圏四国にも、ソバずきにとっては四国巡礼よりも重きをおく蕎麦の巡礼地があるのだ。それが徳島県、高校野球の阿波池田から四国山地にはいった四国のヘソ、西祖谷《いや》村、東祖谷村の祖谷地方である。

じじつこの標高5、600mを越す山間の高地でできる蕎麦は、地元徳島はじめ四国各地にでていったものだ。入口の徳島市などで食すことのできる阿波の郷土食「蕎麦米雑炊」もむろん祖谷の蕎麦がつかわれた。

祖谷渓観光のバスに乗ったら迷わず進行方向右列最前座窓側に座ることをお勧めする。ただし気のよわいひとと高度恐怖症のひとにはすすめられない。

峪《たに》の右岸（上流から見て川の右側）にそって上流に向かうバスは、屈曲のきわめて激しい一車線ぎりぎりの道路を、左右におおきくカーブを切りながら巧みにしかし危うく抜けていく。

元祖・祖谷そば　小川食堂

右下ふかく、峪底には祖谷川がほそい絃《いと》だ。なかでも祖谷温泉のあたりは険谷でしられたあの北アルプスの黒部峡谷よりも峪がふかいという。お勧めした座席からしたをのぞくと、左カーブを切るたびに身体はまさに峪に投げだされるようだ。前方おもわぬほど高くに国見山の懸崖《けんがい》が流れる霧に霞み、おもむきふかい旅になること請けあいである。

この祖谷渓谷のなかほどに「かづら橋」という観光名所がある。世に観光名所ほど興をそぐものはないとおもっているので、ふだんはなるたけ近よらないようにしているのだが、きょうはべつ。ここがこんどの旅の目的のひとつ「祖谷蕎麦」の発祥地、みなもとなのだ。

終点でバスを降りると、そこは案の定ミヤゲ物屋の立ちならぶいつもの観光地風景だ。ウロウロするひとのおおさもいずこもおなじ。ただちにお目当ての小川食堂へ直行する。ここのバアサマの手打ちが祖谷蕎麦の伝統を守るときく。

蕎麦のでてくるまえに、これも名物の「あめご」（アマゴ。山女魚《ヤマメ》の関西系種）の塩焼きを注文し酒もたのむ。魚はむろん養殖モノのため旨みには欠けるが、それでも身が赤くさっぱりとして炭火焼きのよさは味わえる。

酒は地元阿波池田の酒「三芳菊・普通一級」。阿波の酒というとすぐに「鳴門鯛《なると》」「芳水」などの名が挙がるが、この三芳菊も前評判は悪くない酒だった。ハナ（香り）〔※4〕にとりたてて障るモノはないのだが炭（炭素濾過）〔※31〕のセイか色味ともに少少淡麗に過ぎ旨みに欠ける。まあこの酒のスッキリ感は「あめご」のさっぱりとした味にはわるくなかったけど、風味のつよい地《じ》の蕎麦にはどうかしら?!

さて、かんじんの祖谷蕎麦はどうだったろう。源流のソバなのだからその洗練のほどは望むべくもないとしても、やはり名物になんとやら。地の粉という触れこみだから（ホントにいまでもそうかいな?）、味香はそこそこかんじられはするのだが、いかんせん仕事が荒っぽすぎる。またしてもここも井の中の蛙《かわず》か……。

土讃線新改《しんがい》駅。このスイッチバックの引込線にある無人駅にいま桜は満開。高知行きの鈍行列車は一両編成でのんびりと発車、停車を繰りかえす。

うらうらと低山に春の陽は照り、山肌には山桜、椿、三葉躑躅《つつじ》（トサノミツバツツジ）などの花がいまを盛りと咲きつづく。ここ四国では刻《とき》はゆったりと流れて、鈍行とはいえこの列車、いつ目的地(そんなものを決めてはおらぬが)に着くのかしれぬ。きょうは高知か土佐中村か。

そして高知の街、大きな都会へでてくればさすがにやっぱり賑わしい。南国の春の宵の生暖かな風に吹かれて、ハリマヤ橋ちかくの、おしえられていた郷土料理司とやらに、土佐の食と土佐の酒の味や如何にと……。

当日印象にのこった土佐の珍味の幾つかを記してみよう。

＊のれそれ

アナゴの稚魚。イワシの稚魚ドロメとともにご当地ではよく食される。透明な魚体だがその形《なり》はまさに親魚そのもの。ぬるりとしてドロメよりも濃厚の味だ。甘口酢味噌和えにして。

＊さえずり

ごぞんじ鯨の舌。これも「のれそれ」いじょうに濃厚なモノ。このくらいの味になると、ここではいったいどんな酒がでてくるのかと興味津津。

＊たたき

これはもう云わずもがな。しかも藁《ワラ》の焼き焦がしがなんとも芳しくよろしい。味も酢味でさっぱりさせてあるが、やはり本場モノはコクもウマミもふかい。

＊まいご貝

「チャンバラ」とともに名前のめずらしさから取ってはみた。これは東京のほうでいう「ナガラミ」

とおもう。ひかくてき淡白な味。

＊こうろう

土佐では石鯛をコウロウという。身の光、艶よく歯ごたえもよろしいが、味はさっぱりとして滋味にいまひとつ足りない。さいきんの土佐酒におおい淡麗なスッキリ酒がよいかもしれない。そんな土佐の酒をこれらの海凝に合わせてみよう。太平洋の味厚い魚たちはこれまた醇味厚い酒がよいようにおもうのだが、はてさてどうかな。

☆司牡丹・普通一級

予想していたほど濃醇辛口ではない。かえってちょっと甘にかんじたのは糖添のせいかと疑ったホド。酸もアミノ酸もおおい濃醇旨口の土佐酒。この酒味が司牡丹らしさか。「のれそれ」「さえずり」などによろし。

☆酔鯨・普通一級

ノドゴシ淡麗で南国土佐の酒としてはおやっとする。司牡丹とははんたいに酔鯨はいぜんからこの酒味で酒を造ってきた。さいきんの全国風潮にも合うタイプといえよう。やわらか味のなかに程ほどの酸がかんじられるので「こうろう」の伴によいだろう。

☆土佐鶴・普通一級

濃淡の感中庸にして酒品の調和も三者中もっともよろし。メーカーは大手だが手抜きなくまじめに造っているのがよく判る。飲み飽きすることなく「たたき」などと絶妙！

さて明くればここは南国土佐の西のはずれ、あの「四万十川」の河口の町中村。その四万十川が見たくてやってきた。そして中村の酒「藤娘」が四万十の幸にどのように溶け合うかもたのしみにして。

たしかその酒藤娘には鄙びたよさがあった。うっすりと附く袋香〔※38〕もここではよいほうに寄与し、そのローカル色をいや増すのに役だっていた。やはりよき酒はよき友だった。

だがしかし、宿の者の手違いで四万十川沿いに遡るバスに乗れなかった事。時期的なものもあるのか、これといった四万十の幸に出会えなかったこともあり、ここ中村そして四万十川の印象はうすい。沈舟にただ風渡る四万十川だった。一首かきしるして筆を擱《お》こう。

ゴリもなく川エビもなく四万十の
ただ風わたる春のさびしさ

新平

その一七　但馬・山陰の旅の巻（1）

（平成二年四月二十一日）

酒処兵庫でも灘《なだ》といえば云わずとしれた日本一の酒どころ。その灘五郷のひとつ魚崎にむかって大阪梅田をでた阪神電車の車窓右手に、六甲のひくい山なみがみえはじめた。

関東の人間にはなじみはうすいが、この六甲山地と大阪湾にはさまれた、せまくほそながい平地に、ＪＲ、阪神、阪急、新幹線のなんと四本の鉄路が西行している。山の近さと海のちかさが、ここ灘の酒造の発展にとっていかに寄与したかが実感として判ろうというものである。

なぜと云って、灘魚崎郷、桜正宗の山邑太左衛門、天保十一年（１８４０年）の宮水〔※43〕発見の史実にくわえて、六甲から海にそそぐおおくの小河川の急流であることに依る水車精米が、その圧倒的な効率のよさのために、それまで「江戸下《くだ》り酒」を風靡していた伊丹《いたみ》の酒を完膚なきまでに打ちのめしてしまったのだ。（いま伊丹には大手白雪ほか呉春《ごしゅん》など小蔵四軒のみ残る）

そんな小河川のひとつ住吉川が駅舎のすぐ脇を流れる魚崎で下車した。町なかを流れる川にしては、なかなかに澄んでいる。しかしなんともその流れの細いのが気になる。こんなひくい水位では満足のいく水車精米などできなかろう。ましてやいまは夏の渇水期ではないのだ。しかしそのナゾもすぐに解けた。なんのコトはない。すぐ上流の堰堤で水位調整をしていただけだ。むろんいまは水車の時代ではない。それより天井川であるこれらの川の暴れを防ごうというのだろう。

しかし堰堤はともかく、悲しいことにここも全国の都市河川の通例にもれず、護岸工事と称し川全体をコンクリで固めてしまい、もうそこにはなんの風情も生物の息吹きもかんじられない。上流まで川のぜんぶをみたワケではないが、そこはもう川とはいえず、ただのおおきな溝にしかすぎない。

さて、こんどの旅はこんな風景からスタートした。

あすはここ魚崎郷から三の宮にでて、北摂の「三黒三白」（炭・黒毛和牛・栗／寒天・米・酒）のひとつ、黒牛でしられた三田《さんだ》に至り、そこから栗の丹波篠山《ささやま》経由、福知山線、山陰線と北上するつもりだ。いうまでもなく三白のひとつ玉帚《たまははき》（オミキ）のことも忘れない。

こんどの旅の目的も相もかわらず酒、蕎麦、郷土料理の三題噺だ。なかでも中心は島根県松江の酒と、出雲・松江の蕎麦、宍道湖と日本海の海凝《かいぎょう》（海の精の凝《こ》ったモノ、海の幸）である。

しかし、むろんそこに行きつくまでに方ぼう寄りみちしながらの旅になろうことは想像に難くない。まず手はじめは日本海にでるまえに温泉地城崎のすぐ手まえ、但馬豊岡の酒とそこからぐっと戻るように奥にはいった、城下町出石《いづし》の蕎麦と酒。

ものみな萌える春四月。心弾まぬ理由《わけ》がない。なんとなくふるさと千葉房総の田舎線を想わせるローカルな鉄道もよし。そこには子鮒釣りし川もある。紫のレンゲソウに埋められた田圃《たんぼ》もつづく。

一期一会。なんともつかいふるされたこのコトバも、過ぎゆく一木一草にある感慨を覚える。そしてまた永年親しんだ山も川も木も草も。しかしそれは愛とか愛着というものではなかった。去りゆくものをしてさらしめよ。だが、あるいはそこに惜別の感情がまじっていたのかもしれなかった……。

そんな感慨にとらわれはじめると、萌えいづる新緑の木ぎや咲きほこる花ばな、眩しいくらいの春の陽光に弾んだかにみえたこころも、なにやら裡《うち》に翳《かげ》りあるものが生れはじめる。
烟霞淡泊《えんかたんぱく》。旅のこころは淡く泊るにあり。「烟霞《えんか》の癖《へき》」とは旅のこと。ゆきずりの土地にふかく拘《かかわずら》うことなく、立ち昇りやがて消えゆく烟《けむり》や霞《かすみ》のように、たとえどんなにそこが気にいろうと、場処に執着せず淡き泊りを重ねてゆく。これからもそんな山旅をと願うばかりだ。岡はもう山桜も盛りをすぎ、いま桃色のヤマツツジが満開だった。

福知山線九時四〇分、丹波の銘酒「小鼓《こつづみ》」の蔵前を列車は通過。なんの変哲もない田園のなか、アッという間の予期せぬできごとだったが、まさかこんなに線路ぎわとは！　駅は福知山のひとつ手まえの丹波竹田とか。

「小鼓」。丹波栗と丹波の黒豆の里、小鼓の名を聞き味に親しんでひさしい。俳人虚子ゆかりのこのお蔵の酒は、味筋濃《こま》やかな情のふかい酒で、派手さこそないがその含みの諸相は忘れがたい。よゆうがなかったとはいえ、ただ行きすぎてしまうにはあまりに惜しい。再訪を希うのみ。

山陰線八鹿《ようか》の駅はあの「氷ノ山《ひょうのせん》」の登山口。この山は「扇ノ山《おうぎのせん》」とともに、不撓不屈の岳人、天性の単独行者、不死身の加藤と呼ばれた不世出の登山家、加藤文太郎の好んでかよった山だ。

出石《いづし》もよいがじぶんもやまのぼりの端くれとして、きょうの泊りは文太郎ゆかりの山陰海岸浜坂にしようかとおもう。それとも少少俗っぽいけれど吉永小百合の夢千代の里、湯村温泉にしようかな。いやいやそれはあんまりだ！

出石、なんとも……。

ここも大賑わいのれいの観光地風景。観光バスひきもきらず。

こんなハズではなかった。まいどながらオノレの読みのあささを思いしる。下調べもろくにせずのフラリ旅。振られるコトもまたおおい。おまけにきょうは城跡で桜祭りにカラオケ大会、イヤハヤどうも!!

出石　皿蕎麦　小人・甚兵衛

救われることに、かんじんの蕎麦はそんな観光地にしてはまあまあの出来。それにしても蕎麦屋の多いことおおいこと。

ここ但馬の出石。兵庫県出石郡出石町出石、「出石の皿蕎麦」でゆうめいな城下町である。

まずお目当ての老舗「小人・甚兵衛」の暖簾《のれん》をくぐる。直径十数センチほどの土臭い灰釉の陶器の皿五つに盛られた蕎麦はシチサン（ソバ粉七割・ワリ粉三割）ほどの太めの手打ち。割り粉（つなぎ）がすこしおおい気はするけれど、それでも蕎麦特有の味香はかんじられた。蕎麦つゆは淡《うす》い。それが大徳利になみなみとはいってでる。これはとうぜんオカワリを予想してのこと。頼めば皿単位の追加は自由だが、これからのハシゴ蕎麦を考慮して、地《じ》の酒を一合だけ注文し、いまのところはやめておく。ソバっ喰いなら三十枚はくえるだろう。聞けば粉もむかしは近在のモノを使用していたそうだが、これほどの繁盛ぶり、はたしていづこの粉だろうか。ここでは蕎麦もしっかりと観光のめだまだ。

そんな賑わいの城下町出石にひとつの造り酒屋がある。その名も「出石酒造」、銘を「楽々鶴《さ さ づる》」という。さきの甚兵衛で蕎麦と伴にいただいた玉帚がそれだ。

その楽々鶴の酒蔵の閑っそりとした佇《たたず》まいはどうだ。いっぽウラ通りにはいっただけで。もっとも観光客とはじぶんらに興味があればどんな路地裏にだってへいきで這入りこんでくるひとたちだけれど……。

黄土色の土壁を繞らした蔵は素朴でしかもめずらしい。休日のせいか、あるいは「甑倒し《こしきだお》」〔※16〕もとうにおわったせいか、蔵にはひとの気配もない。

出石　楽々鶴の蔵壁

それでもづうづうしく案内を請うと、しばらくしてどこぞよりひとりの佳人があらわれた。そして唎《き》き酒やらこちらの質問にていねいに答えてくださる。美しく上品でおっとりしているようでいて、なかなか一本芯のある、聞けばどうやらこの蔵のお嬢さんのようだ。

その酒、味筋淡麗なれどしかしけして淡《うす》くない。薫り芳しく、なにかゆかしささえかんじさせる。奥床しき佳人をまえにしたためばかりではあるまいよ、これは。

その麗人のはなしである。いぜんは吟醸も造っていたがブームになるころやめたという。純米もほんとうに納得のいく酒を造るにはコストが掛かりすぎるので、さいきんこれもやめてしまった。蔵の姿勢がなんとなく判るはなしではないか。

だからいまは糖なしの普通一級、二級とその原酒のみ造る。近在の飲み助だけを相手にした典型的な地《じ》の酒屋だ。

観光地として急激にひとの出入りの繁くなったここ出石の、むかしからかわらぬもう一面をみるおもいがして、印象のわるくなりかけたこころの裡に、なにか清清しいものが吹き抜けていくここちがした。

その一八　但馬・山陰の旅の巻（2）

（平成三年四月二十二日）

先巻つづきの山陰の旅はむろんいっぱつでは目的地松江にゆきつかない。

この日宿泊を予定していた城下町出石のあまりの殷賑《いんしん》ぶりに恐れをなして、ほうほうの態でこのひとさえすくなければチャーミングなまちを逃げだした。

往路をもどり山陰線豊岡の駅からふたたび北上する。城崎、香住（ここでは「香住鶴《かすみつる》」という銘酒を忘れてはいけない）とすぎて、ようよう日本海の風景にもなじむころ、列車はゆうめいな餘部《あまるべ》の鉄橋を通過する、ここでやはりさきに決めた日本海岸の漁師町浜坂に下車しようとおもう。

浜坂は先回もご案内のように、ひとむかしまえのやまのぼりのあいだでは伝説的なまでの憧れと尊敬のひと、不死身の登山家加藤文太郎の生まれ故郷として、どうしても忘れ過ぎることはできなかった。

暗くなるまでにはしばらくの間があるのをさいわい、文太郎ゆかりの地のひとつふたつを見ておこうと、駅前をなんのあてもなしに海に向かって歩きだした。

やまのぼりの故地を尋ねようというのに、なぜ山に向かわずに海のほうに足をむけたのかいまだによくわからない。たぶんかれののちの活動の場としての山よりも、海辺で育った文太郎という先入観と、ここ浜坂が日本海にむかって開けた漁港であったという、それだけの理由だったのかもしれない。

結果的にはそれがさいわいした。なにか判るかもしれないと、なにげないきもちで飛びこんだ駅ちかくの手打ちのうどん屋さんが（ウドンとはいえ手打ちの看板に魅かれたのがなんとも）、なんと「加藤文太郎を語る会」の地元有力メンバー古本さんのお店だったとは！

夕方近く、これから忙しくなるはずの飲食店を奥さんにあずけて、いくつかのモニュメントやゆかりの場処に案内してくださるという。なにかわかればというかるいきもちが、こんなていねいな対応にあってなんとも恐縮しごくなコトであった。しかしここはおことばに甘えさせていただき古本氏について店をでる。ほんらい名所旧跡、モニュメントのたぐいはご遠慮申しあげたいクチなのだが、せっかくのご好意、しかもこんなに鄙びた素朴なまちだもの、きっと文太郎ゆかりのなにか好もしいものに出合うにちがいないと独りごちて、扉を開けて待っていてくださる氏のライトバンの助手席におさまる。

文太郎の碑と古本氏

やはりおもったとおり文太郎の碑は浜坂のまちから出はずれた、ひと気のない岬の突端、眼下にちいさな浜坂の港を見おろす好もしい場処にあった、

また、そこを往復するための岬を繞る小径も春の花、いちめんのタチツボスミレやイカリソウの群落に彩られ、おりからの夕陽に岬

山陰浜坂の海の夕陽

つづきの小島も眼下のひと知れぬちいさな湾の砂浜も、そして凪《な》いで静かな内海も外海もきらきらと黄金色の逆光に輝き、なんとも染みいるような夕暮れのその一刻に、もうことばもなく立ちつくすのだった。ひとも景色も……こんな美しい旅もある。

その夜、浜坂の海の幸ととちゅう仕入れた地の酒「香住鶴」にきもちよく酔って、きょういちにちの予期せぬひととの出会いと別れをおもいかえしてみる。ああそして烟霞淡泊のこころがふと揺らぐのはこんなときだ。

けさは六時に起きた。山陰線、もうじき米子だ。そしていま、下市の駅を行きすぎる。左手に伯耆大山《ほうきのだいせん》がまだ雪をのこして春霞の涯方《かなた》だ。そんなうらうらと眩しい山をみながら、きのう買った但馬豊岡の酒「長春秋」をグビとあおる。そしてもうカンペキに朝酒の旨さをしるのだ。

大山《だいせん》口にちかづくにつれ斑雪《はだれ》の山はおおきくなる。霞んでさえいなければ迫力でせまってくる山だとはおもうが、しかし、いまみる大山は想像していたよりはるかにつつましく、またちいさくしかみえない。がっしりと根を張り、もっと日本海にのしかかるように鼎立《ていりつ》する白屏風を連想していたのだが……これが中国山地を代表する名山なのかと?!

莨《たばこ》もうまい。いま詰めた葉は「セブンリザーブ」。良質のバージニアブレンド。それは一週間まいにち喫《す》っても飽きないというスコットランドはラッタレー社の名たばこだもの。

通学の生徒たちの降りてしまったがらんとした喫煙車両の列車内に、しっとりとしてふかみのある、ほのあまく上品なバージニア葉の薫りがゆっくりと棚引く。あまりつよくない喫味は午前ちゅうのいまのような状況にまさにはまりだ。

そうこうするうちに列車が宍道湖《しんじこ》つづきの中海を右手にみはじめると、もうまもなく目的地松江だ。松平不昧公《ふまいこう》の趣色がいろ濃く翳《かげ》をおとすこの城下町の酒と蕎麦は、はたしてどんな表情で旅するものを迎えてくれることだろうか。

松江と蕎麦。松江に不昧公が残したものといえば、まず茶の湯とそれに伴う茶菓子などがしられるが、蕎麦処信州より蕎麦職人をつれてきて育てたという、西にはまれなしっかりした蕎麦切りも忘れることはできない。

酒のところでおはなしするが、このふきんはゆうめいな出雲杜氏のふるさと。蕎麦もこれまた名高い出雲蕎麦が近くの大社町にある。ちなみに大社でよくしられたソバ店の名前は元町荒木屋。

だからやはりその影響はぬきがたく、ここ松江の蕎麦もサナゴ（甘皮の部分）のおおくはいった、色黒で太めの出雲蕎麦スタイルだ。また、供出も割り子《わりご》とよばれる三段重ねの漆塗りの丸ワッパ（しかし昨今は芸もないプラ製がほとんど）につゆをいれた徳利、猪口でワンセットなのも兄貴分譲り

松江　松本そば店の蕎麦切り。
その味も香りも写真ではワカラヌ ?!

だ。蛇足ながらたいていの店がソバの上に薬味をじかにのせてくる。蕎麦そのモノの味や香りをたしかめたいものにとって、これはまことに不都合きわまりない。したがって店にはいるたびにそのむね云わねばならぬのが煩わしい。

さて松江ハシゴ蕎麦のはじまりは、まず第一番の目的の店、南寺町の「松本そば店」。駅からもひかくてき近い。しかしあらやザンネン。店の前に貼り紙あり、ここ三日ほど都合により休ませていただきます、と。観光地ソバの店とちがい、完全地元密着型のこの店は、打ち手がバアさまということもあってか、ときどきこのような現象をみるとは土地のひとの弁。

蕎麦のうまいことで県外のソバ好きにもしれわたり、むろん松江のまちのソバ好き、いやソバずきならずともだいいちに推す有名店にしては、その店のたたずまいはなんとも素っ気ない。町はずれの、それもふるびた町並みに埋もれてしまって、まったく目立つところがないのだ。ようやくちいさな趣のある看板がその処在をしらせるのみ。

しかし、休みとあらばいたしかたない。明日でなおすことにしよう。ということで第一番には振られたが、ここで挫折してはソバ喰いの名に恥じよう。むろんそこは調査ずみのすぐちかくの店「献上蕎麦・羽根屋」へむかうことにする。

あとでわかったことだが、こういった町場のしかも手打ちの店が、狭い松江のまちなか（このせまきゆえの魅力についてはのちほど）になんと二十軒ちかくもあるというのだ。調査ずみとオオミエを切ったが、さすがにそこまでは来てみなければわからない。

本命ではなかったがこの羽根屋、予想どおりの黒め太めの噛んで味のでるヤツで、すきなスタイルだった。なんとか天皇に献上して云云というお定まりのパターンは気にいらないが、それでもこれからの松江蕎麦繞りに期待がもてそうな気がしてきたのは倖《さいわ》いなことだ。

その一九　島根・豊の秋の巻

（平成三年四月二十二日）

ふつか間の松江滞在ちゅうにつごう八軒ほどの蕎麦屋に通った。なかには「古曽志」「八雲庵」などの有名店もむろん含まれるが、けつろんからさきに申せば、やはり、なんといっても予想どおりと云っていい店、「松本そば店」が群をぬく。百年前の建物だというが、そんなごたいそうな気もない、はんたいにあまりキレイとはいいかねるくらいな、ありふれた仕舞屋《しもたや》風の店構えである。これは観光地蕎麦屋の見本みたような「八雲庵」の対極をなす。なにしろとおりいっぺんの観光客ではうっかり見過ごしてしまうこと必至な目立たない構えなのだ。

あるいはまた、れいの大通の殿様・松平治郷不昧公《まつだいらはるさとふまい》お抱えの蕎麦職人を祖とするという赫赫たる歴史はたいしたものだとおもうが、これとて現在あっての過去の栄光なのは云うまでもない。

ならばなにゆえに松本そば店がすごいのかといえば、これはもう、当然といえばとうぜん事だが、蕎麦がウマイのひとことに尽きる。香りはそこそこに立ち、その蕎麦にはふかい味がある。このとうぜんに如かぬソバが昨今あまりにおおくなった。というより見わたせば周りはそんな「ソバもどき」ばかりが氾濫している。おのれのソバの不味さをつゆや薬味や、あるいはあろうことか器や店構えなどでごまかし、客を欺く店ばかりだ。

むろん松本の蕎麦とていつも完璧とはいかぬことだろう。窮極をもうせば蕎麦打ちの要諦は「粉」

に尽きるのだ。誤解を恐れずにあえて云えば蕎麦粉のよしあしがすべてなのだ。こころある蕎麦職人はこのことをみな知っている。しっていながら完璧の入手難続く昨今のわが国の事情のもどかしさもまたむろんのこと……これについてはなしだすと止めどなくなる。底がみえなくなってしまう。しからば閑話休題とまいりましょう。


島根から持っていった南極の酒に「豊の秋」「李白」「蟠龍《ばんりゅう》」がある。

このうち、豊の秋と李白は松江の酒だが蟠龍は山口にちかい益田の酒だ。こんかいの旅はざんねんながら益田まではとどかない。しかしいずれ機会はあるだろう。

さてここにきて、ようようこんどの旅の目的、「豊の秋」の米田酒造さんと「李白」の田中酒造さんにいきついた。そしてきょうは市内東本町にある（酒造場はおとなり南田町）米田酒造を訪う約束の日だ。

豊の秋、なんとも憶い出ふかく懐かしい酒だ。はるかむかしこの蔵の一級純米によって、はじめて純米酒のほんとうのうまさをしった。

南極の酒はこの純米酒ではなくて純米の大吟醸だったのだけれど、綴錦《つづれにしき》のパッチワークのように細やかに浮きだす、それぞれの繊細微妙で複雑なこの蔵の造り酒のもち味はいずれの酒でもかわらない。つぎつぎと涌きいづるこの蔵の酒のもつ味香の妙味はいつも飲むものを飽きさせぬ。その理由《わけ》をしりたいといつもおもってきた。それは風土なのか人なのか……ここで永の疑問に終止符はうたれるだろうか。なにかワクワクするような興奮とともに、古風な商家風の玄関口の硝子戸を引いた。

豊の秋　槽《フネ》（搾り機）と米田則雄氏

ここに『しまね酒物語』なる島根県酒造組合連合会発行のちいさな冊子がある。それは島根の風土からはじまって特色ある県の酒造りや美味酒肴にいたるまで、おおくないページに要領よく記した好読み物となっている。

そのなかで、つぎのようなおもわずハタと膝を打ちたくなるような箇処にであうのもたのしい。

そこではいまどきの「淡麗辛口」一辺倒の風潮をかるくいなしてチクと批判したあと、ほんらい日本酒のたのしさは「各地の自然風土」を反映したモノにあったはずとしてから、つづいて「濃醇な旨味のある酒・酸が利いて押し味〔※5〕のある酒、きめ細かく穏やかな酒、切れのよい酒、五味の調和のとれた酒」こそ「島根の酒」のめざすところ、と高らかに云い放つ小気味よさはどうだ！　これが当方いつもの口癖「風土と人」でなくてなんであろう。

このご当地の造りの特色をつよく指導してこられたのが県工業技術センターの堀江修二氏。前文の作者もおそらく氏のものにそういない。その堀江先生曰《いわ》く、「酒造りは環境と人である」と。……これまたなんと。

このうち「きめ細かく穏やかな酒」「五味の調和のとれた酒」とは「豊の秋」の酒質を指し云い得

て妙。またその酒は「酸が利いて押し味もある」。この酸についておもしろいデータがある。豊の秋の米田則雄氏と石川県鶴來町《つるぎ》「菊姫」の柳達司氏とはご交遊ある仲とお聞きしたが、その米田氏曰く、豊の秋と菊姫の酒の酸をある処で分析したけっか、豊の秋にはリンゴ酸やクエン酸がおおく、菊姫には乳酸系の酸がおおかった由。豊の秋のキレがあって爽やかなもち味がよく納得できるはなしではないか。また菊姫についてもさもありなんと頷ける。

さて、その米田さんにはごあいさつと南極のお礼もそこそこに、さっそく蔵内《くらうち》を案内していただく。いつのまにか杜氏の舟木謹務氏も寄りそってくださっている。

舟木謹務杜氏
ご自分の田圃で好適米山田錦もつくる。

まず目につくのが桶や暖気樽《だきだる》〔※28〕（これだって昨今つかっている蔵はおおくない。あったとしてもたいていは掃除のらくなステンレス製のダキ樽だ）はじめ木製や竹製の古風な道具のおおいこと。桶を二階まで引き上げるための滑車も木製の大車輪だ。これがいまはやりの酒資料館や博物館のはなしなら、なんの目新しいこともない。それが現役だから驚くのだ。地方の傾きかけた小蔵ならいざしらず、山陰を代表する銘醸蔵「豊の秋」だからおどろくのだ。このへんに豊の秋の味香の秘密を解くカギの一端を明かしてくれるモノがあるのだろうか？

木製暖気樽《だきだる》

けつろんを急げば、なにも古風な道具をつかっての酒造りそのものになんのヒミツもなかった。やはりそれは「風土と人」にあった。

厳冬期の日本海からの朔風は酷しい。風土の要求するもの齎《もたら》すモノにことさら逆らったりせず、その年の気候に添い合わせながら造りのおおすじを決めてゆく。そこでは蔵全体を冷やしたりという大技や、やらではの姑息な小技はつかわない。自然の呼吸するままに造りをすすめていく。だからその年の気象の微妙な変化がそのママそっくり造り酒に取りこまれていく。そのかわり出来酒の管理はきっちりと調温をおこなう。

そう聞くとその造りはいっけん荒っぽいようだが、しかし、酒の肌理《きめ》は細かい。これが豊の秋のとめどなく涌きいづる味香の妙味のひみつだったのか。いってみれば造りは自然流、管理は現代流、となにやら判ったようで平凡なオチにおわってしまったか?!

夕闇逼るころ米田さんに宍道湖《しんじこ》と中海《なかうみ》をむすぶ大橋川に架かる、松江新大橋のたもとにある氏いきつけの店へと誘われる。平らかな湖の対岸はうす赤く染まってはいるが、しかし美景でしられる宍道湖の落日はざんねんながらいまひとつだ。

ここ松江は懐石料理など不昧公《ふまいこう》好みの料理のほかにも、宍道湖汽水域魚介類の料理「宍道湖七珍」がとりわけ名高いのだが、この七珍についてはまたのちほど触れることにしたい。

このとき賞味したのは懐石でも七珍でもない日本海のさち。これはいがいとふたつの名物のカゲに隠れて見すごされがちなのだが、出雲、石見《いわみ》、隠岐の「海凝《かいぎょう》」、とれたての飛魚（ご当地ではアゴとよび、刺身でいける）、鯛、松葉蟹、烏賊《いか》、平目などが、またとないよき酒の友となるのだ。日本海流の凝《こ》ってできた、これら淡麗ななかにも豊饒さを秘めた雫たちに、「豊の秋」の繊細でありながらしかも濃《こま》やかでキレのよい味香がなんとよく調和したことだろう。湖畔の歓談は永く涯てなかった。そしてこの夜もやはりよき酒はよき友であった。

酒母（酛）タンクと米田氏

その二〇　島根・李白の巻

（平成三年四月二十三日）

松江のまちの魅力的なことについてはこれまでにも触れてきた。むろん出雲神話や宍道湖のみならず、松江の事物の端ばしにほのみえる不昧公《ふまいこう》の趣色が、このまちの事ごとを訪れるひとの琴線にふれるものにしていることは否めない。

しかしここで、それについてはこう云ってみたいのだ。それは松江のまちのおおきさそのものがこのまちを魅力的にみせている原因と云ってもよいであろう、と。歩いて廻るには少少手広いが、車や観光バスをつかうには狭すぎる。なんと、自転車で経繞《へめぐ》るのにまこと恰好なおおきさなのだ。その纏まりよく見通しのよい、こじんまりした可愛らしさが、松江のまちをうんと親しみやすいものにしていたようだ。

というワケで、「李白」の社長田中征二郎さんが貸してくださったのが、ほかならぬその自転車だったのだ。これでいちにち、この広からぬ街のあちこちを彷徨うことになった。ご念のいったことに白の帆布に墨色で李白のロゴを染めぬいた配達袋までぶるさげて……。

とりあえずやはり、市中に五軒ほどある造り酒屋は欠かせまい。このうち「豊の秋」さんは先だっておじゃましたばかりだ。ということでまず石橋町にある「李白」さんのすぐちかくの「都乃花」さんという千石あまりの小酒蔵へ。ここもちいさいながら、おちついた町並みによく似あった古風な商家の造りであった。なかにはいって案内を乞うが、あいにく説明できるものが出払っていて、との済まなそうな返事に、しからばと造り酒の種類ととおりいっぺんのはなしを聞いてお帳場をでる。

つぎに自転車をとばしたのが「國暉《こっき》酒造」さん。李白や都乃花の蔵から松江城のある城山公園わきを通ってずっと南にくだる。宍道湖大橋（川をはさんでまちの南北をむすぶ大橋が四本。この橋はいちばん湖寄りにある）のたもと、まだ橋を渡らないてまえの、ほとんど宍道湖に面したといってもよい処にその蔵はあった。

大橋のうえから眺めると、湖の岸に係留《つな》がれた舟の白帆と帆柱が「國暉」と墨跡された酒蔵の白壁に調和して、なんともいえない風情《ふぜい》を醸しだしていた。その酒は先回にかいた島根酒のもち味のひとつ、濃醇な少少甘口に寄ったいかにも地酒らしさをもつものだった。

もう一軒の「旭天祐」の蔵は市内矢田町にあり、自転車コースからはパスせざるをえない。

田中征二郎蔵元と歴代名人杜氏

さて、松江市中には前記松江城などの史跡のほか、二十軒あまりの寺が軒《のき》をつらねるその名も寺町や宍道湖の眺めよろしき白潟公園。菓子店（主として茶菓子）や道具屋はじめ不昧公好みの品じなをならべた店など観るべきはすくなくない。しかしここで松江の観光案内をやってもはじまらない。ではさいごにひとつだけすこし街から離れてみようか。もうこうなると自転車の及ぶ範囲ではない。したがって田中酒造さんご厚意差し回しの自動車で行くことにする。

出雲は云わずとしれた日本ぢゅうの神がみ集まる処。スサノオノミコト、オオクニヌシノミコトはじめおおくの神たちのおわします神社に、かつて出雲の総社といわれた八重垣神社がある。ここは神話の国出雲のおおくの神社のなかでも人口に膾炙したお社《やしろ》のひとつである。

松江市郊外、のんびりとした田園風景のなかに、そこだけ鬱蒼とした杜《もり》に囲まれてお社は鎮座ましましておった。木立薄き方には荘厳な本殿。いかにもオオクニヌシの神おわせられるに相応しく、それはさすがにどっしりと格調高い。しかし一行の向かうのは杜ふかきかたにあるという「鏡の池」。行ってみればそこは鏡のように透明度のたかい水をたたえた丸い小池。云わずもがな池の底はお賽銭だらけだ。

そこに女の子がふたり、しゃがんでなにやら池の面を覗きこんでいる。何あらんとちかよってみれば、二〇チセン《センチ》四方ほどの半紙を水面に浮かべて、紙に浮き出た文字を熱心によんでいる。それからかの女らは財布からおもむろに硬貨を取りだし浮いている紙のうえに置いた。どうやら硬貨の重さで半紙の沈むのを待っているようだ。はやく沈めばそれだけはやく想いが通ずると。出雲の神さんも若いひとにウケそうなコトをかんがえるものだ。

聞けばふたりともちかくの女子高校の生徒だという。しかし地元松江の子らではなく遠くから（ひとりは埼玉県とか）ここへきて寄宿舎にはいっているそうな。どんな事情か、こんなとおくに女の子をひとりやる親御さんがいることにオドロキを感ず（それも普通高校なのだ）。小中学校の娘をもつものとして、これはひとごとではないかいな！

そのかの女ら、ここ八重垣神社が縁結びのご利益あらたかなりとしってここを訪れるのだろうが、境内のそこかしこに鎮座まします陽物陰物を何と見ているのだろうか。いまどきの高校生、まさかしらぬワケはないだろうが、振りむくでも顔を赭《あか》らめるでもなかった。こちらオトウサンのそんないらぬ思惑などどこ吹く風と……。

「両人対酌　山花開く　一杯一杯また一杯」でしられた唐の詩人李白に「花間　一壺《いっこ》の酒　独酌相親しむ無し」ではじまる「月の下《もと》独り酒を酌む」の一篇がある。

その「月下独酌」ちゅうのつぎの箇処は常づね愛唱惜く能わざるところのものである。いわく「三杯にして大道に通じ　一斗にして自然に合す。ただ酒中の趣を得んのみ　醒者の為に伝うるなかれ」云々。酒の妙趣は酒飲み（上戸《じょうこ》）にしか判らんもの。下戸《げこ》（醒者）に酒の功徳を伝うるひつようもなし、とか。さらにそのまえの「自然に合す」がなんとも酒の気分を讃えて已《や》まない。

その「月下独酌」を酒銘のひとつにしている酒蔵、「李白」の田中酒造さんの蔵人詰処にいる。そこにはながねん李白の酒質向上に努め名杜氏とうたわれた道広亦造の流れを汲む出雲杜氏（旧秋鹿杜氏、秋鹿とかいて「あいか」とよむ）の吉岡光雄さんはじめ、田中蔵元の奥様や蔵人の皆さんが南極のはなしを聴くために集まってくださった。

吟醸酒協会パーティーにて　田中蔵元

そしていま卓を囲んだ一同のあいだを廻っている酒は斗瓶《とびん》取り（※134〜135頁の「窓乃梅」本文参照）の大吟醸。南極のはなしはともかく、この李白のお蔵の造り酒は先回にかいた島根酒のもち味「切れのよい酒」「五味の調和のとれた酒」をよく体現しているといえよう。このことはこののち、田中さんに連れていっていただいた宍道湖畔の料亭「魚一」にて、れいの「宍道湖七珍」はじめ、この汽水湖の酒肴とともに嗜《たしな》んでみると、ほんとうによく理解できるのだった。

その「七珍」とはシジミ貝、スズキ、シラウオ、アマサギ（ワカサギ）、エビ（モロゲとよぶヌマエビの一種やナガテとよぶテナガエビ）、コイ、ウナギの七品をふつうはそういうそうである。それぞれが時期時期のモノだから七品がいちどに揃うことにはむりがあろうが、このとき賞味したスズキ（半紙に包み焼く「奉書焼き」が名高い）、シジミ、アマサギ、ウナギ、ゴズとよぶハゼ（しかし、どうして濃すぎぬ甘い塩分の汽水域とは、棲むものをしてこうも滋味ぶかくするのだろうか）、そして貝焼きと称する鴨料理などどれもすべてキレのよい李白の酒となんともよき出会いといえた。

灘魚崎郷からはじまった、ながいようでしかしもう過ぎ去ってしまったこんかいの山陰の旅も、ようよう岡山にむかう伯備線の鉄路で閉じようとしている。

車窓左手には備中、備後、伯耆の三国境をなす道後山辺を源とする日野川が、春酣《たけなわ》というのに蕭蕭と降りつづく雨をたっぷりと集めて、その笹濁りの流れは岸の枯れ葦の根方を洗っている。錆《さび》を落とした山雨魚《ヤマメ》はもう釣れようか。

そう、伯備線根雨《ねう》の駅は文字どおり冷たい春の雨に濡れていた……。

その二一　福岡・繁桝の巻

（平成四年三月二十八日）

二週間にわたったこんかいの旅は、九州福岡にある酒屋さん主催のワイン会、吟醸会からはじまった。そして中盤は南極銘吟醸を中心とした九州各地の蔵繞り。終盤は絶海の孤島屋久島に渡って、焼酎「太古屋久の島」の造りの秘密をつぶさに探ってこようとおもう。

はじまりのワイン会、吟醸会はさておき、このたびの駆け足旅行でかんじたのは、九州はおもったより広い！という月並みなモノ。なにしろ短時間のうちに焼酎蔵をのぞいて、清酒蔵だけで八つのお蔵を訪ねたことになる。県でいえば福岡、佐賀、熊本、大分の四県。しかも酒蔵とはきまって辺鄙なところにあるのだから、ほんとうに移動がたいへんだった。

福岡県で繞った蔵は、久留米市から南へおりた八女《やめ》に蔵を構え、「繁桝《しげます》」銘の酒を醸《かも》す高橋商店。それから博多からはぐっと大回りに南下する香椎線の終点、宇美町にある小林酒造本店。ここの造り酒の名を「萬代《ばんだい》」という。この萬代は南極酒のひとつである。これだけ述べても土地カンのあるひとには、こんかいの旅がどんなに効率のよくないモノだったかご理解いただけよう。

さて、もともと福岡の酒といえば筑後川流域の城島《じょうじま》、三潴《みづま》（三潴杜氏でしられる）など県南地方で県の生産高のおよそ三分の一が造られている。

この筑後川の伏流水が軟水だったために、明治のころ移入された灘《なだ》式醸造法（云うまでもなく灘の宮水〔※43〕は硬水の代表）は失敗をみたという。そのごこの地に合った軟水醸造法が確立され、いまこの城島、三潴地区には「花の露」「有薫《ゆうくん》」「池亀」「薫盃《くんぱい》」など世にしられた蔵がある。ゆえにこの地方の造り酒は、むろんそれぞれの酒蔵の個性は争えないとはいえ、ほんらいはソフトなまろやかさをそのもち味とする。

「エツ」という魚をごぞんじだろうか。カタクチイワシの仲間で、有明海しかもこの筑後川流域でしか捕れないという珍奇なもの。筑後柳川のウナギはゆうめいだが、このエツもご当地の酒肴として捨て難いものだ。しかしその時期は限られ、五月の下旬から六月にかけて産卵のため筑後川を遡上したものを捕るわけで、しかもこのエツ、きわめて脆弱な魚で水からあげるとみるみる鮮度を落とし、ために遠地への輸送はまったく望めず、ここでしか食せないという。この脆弱淡白な白身がまた、この地の酒味と持ちつもたれつなのは、これは偶然の符合とかたづけられるものではあるまい。しかしこんかいは時期尚早にて、ざんねんながらエツは次回に見送りとなる。

むろん有明海の酒肴には前記柳川のウナギ（ドンコ舟に炬燵《こたつ》をいれ、「ウナギの蒸籠《せいろ》むし」をサカナにちびりちびり飲《や》りながら川を下るのが、柳川水郷繞りの通だ、とむかしなにかでよんだことがある）はじめ、シロウオ（ごぞんじオドリで食すが、東京のそれとはちがい、ご当地のシラウオならぬシロウオはどうもハゼ科の稚魚のようだ）、ムツゴロ、ジャッパ（しゃこ）、ウネクジラ、メカジャ（貝）、アゲマキ（貝）、ガン漬け（シオマネキ蟹の塩辛）などなど枚挙にいとまがない。なかでもひとつだけ挙げれば、シタビラメに似た「クッゾコ」は煮つけ、刺し身、塩焼のいずれも絶品。しかしこのクッゾコは佐賀の酒、しかも「海のあまくち」が出会いゆえに、それは次次回〈佐賀の巻〉にて……。

ではこれから、ここ久留米より南下して岡のまち八女へ向かおう。そのまえに名物ウナギのセイロ蒸しで昼食をすませて。

この「蒸籠むし」、ちょっと関東ではおめにかかれないシロモノなので、つくりかたを簡単に記そう。まず硬めに炊いたごはん（米にも気をつかい、この店ではあの酒造りにもつかう県産米のレイホウで炊いていた）にタレで味附けし、角の弁当箱型の蒸籠にいれ、そこにウナギの蒲焼と錦糸卵を相乗りに敷いて、これをまたおおきな蒸籠にて蒸すというもの。かいてみれば格別どうという造りではないが、なかなかに地方色のあるオツな食物ではあろう。荒いセイロの目にご飯粒がくっついて、きれいにたべるにはやはり地元のひとにかなわないのがシャクではあるが。しかもドンコ舟とやらに美妓を侍らせ美酒をチクと飲《や》るという風情にはとても及ばなかったのもいかにもザンネン。

八女へ出立のまえに久留米でひっかかってしまったワケだが、ついでにもうすこしつづければ、この久留米には忘れることのできない酒がある。市内山川町の「冨の寿」である。佐賀の「山のからくち」、小城《おぎ》の「天山」とともに、遥か過ぎにしむかし、九州の酒を再認識させてくれた旨酒である。古酒をブレンドして巧みにあやつったその独特の造りは味わいぶかく、この冨の寿の造り酒の枯淡孤高の酒味によって、西の酒のよさに目覚めさせてくれた恩ある蔵なのであった。

ちなみに久留米の北、三井郡太刀洗町にはおなじ寿銘の酒「三井の寿」がある。先般この純米酒の芳醇かつ酸のキレのしっかりした特異なからくち酒に感心したばかりだ。燗を附けてうまい純米酒である。なお、しらべてみたら福岡県には「冨の寿」「三井の寿」はじめ「山の寿」「国の寿」など驚くなかれ、さいごに寿のつく蔵がなんと九蔵もござる。しかしその謂われは寡聞にしてしらない。

さてよりみちが過ぎた。

繁桝　呑み口から酒を抜く高橋久営業部長と松尾杜氏

清酒「繁桝《しげます》」醸造元のある八女市は、酒よりもむしろお茶と手漉き和紙のまちとして人口に膾炙している。江戸時代には宿場町として賑わったという。

ここ八女は佐賀の嬉野《うれしの》とならぶ九州きっての銘茶の里。しかし古来より「釜炒《かまい》り系」の茶の名産地としてしられた八女や嬉野も、いまや全国を席捲する「ヤブキタ種」と「蒸し茶」のまえに釜炒り茶はそのカゲもなく、産高のほとんどすべてが全国一律どこにでもある「ヤブキタ蒸し茶」になってしまった！

その八女のまちに二七〇年前の享保二年（一七一七年）に造り酒屋を開業した歴史をもつ高橋商店がある。

筑肥山地にその源を発する矢部川の伏流水を蔵内の井戸から汲みあげてつかう繁桝のお蔵では、この水が宮水とおなじ硬水（硬度7～8はあるという）ということで、先の県南あまくち酒とは異なり、すっきりとしたからくちの酒を醸す。

繁桝杜氏　松尾豊次氏

佐賀の酒がそうであるように、ここ福岡でも「山のからくち」「海のあまくち」が云えるのか？しかし大分ではこれが逆になり「平野部の辛口」「山間部の甘口」と云うそうな。処かわれば品かわると云うコトである。

この八女周辺ではいまだに上水道のないのが自慢だという。良質の水の証であろう。

そんな繁桝の酒がいま関東で人気だ。すっきりとしてキレのよい辛口のなかにも、西の酒、九州の酒の醇味をわすれていないところにこのお蔵の造り酒のよさがある。

地元八女杜氏、松尾豊次さんはこの蔵一筋四五年。その松尾さんの醸す入魂の酒が、山田錦を40％みがきにした大吟醸、その名も「箱入り娘」とはよくぞ名附けたり！またクラス下にはなるがお蔵の吟醸は飲み飽きせぬ、香りかそけき酒である。

さあ今夜は箱入り娘とこの中吟を抱えて岡を降り、久留米の街で有明の酒肴をたのしもうではないか。「エッ」の恨みここで果さずにはおくものか！

祇園川（蛍川）川畔よりみる天山酒造の全景

その二二　佐賀・天山・窓乃梅の巻（1）

（平成四年三月三十日）

　さて昨夜もゆったりとたのしんだ去りがたい久留米を出て鳥栖《とす》から長崎本線に乗る。そこで鉄路は西に折れて長崎へむかう。その鳥栖から特急でひと駅めが県庁所在地の佐賀市である。こんかいの訪問蔵、小城《おぎ》町の「天山」と久保田町の「窓乃梅」は、ともにこのさきの久保田の駅で降りたほうがちかいようだが、鄙駅のため鈍行列車しか止まらない。少少業腹だが佐賀で下車して車でまずは山の「天山」にむかうことにする。

　先巻でもかいたように佐賀の「天山」はそのむかし九州の酒に目覚めさせてくれたわすれがたき酒なのだ。いったいに佐賀では「山のからくち」「海のあまくち」と呼び慣らされている。むろん云うまでもなく天山はやまのからくちの代表みたような酒であるから、「山の天山」「海の窓乃梅」と、こんかいは佐賀県のそれぞれの

白壁、板壁の調和が美しい天山の仕込み蔵

酒質を尋ねての旅となるはずである。

佐賀の背嶺をなす背振山脈を西に辿ると、山並はいちど川上峡と呼ばれる断層で高度を落とすが、そののちふたたび盛りかえして天山山系となる。この山系の主峰が１０５７ｍの標高をもつ名峰天山というわけだ。この天山を源とする祇園《ぎおん》川の畔から仰ぎみる盟主天山は、肩の張った堂堂としたりっぱな山容である。そして銘酒天山のお蔵もこの天山の南東山麓、清冽な祇園川の流れに沿うて築っているのだ。ちなみに祇園川は源氏蛍の名所としてしられる。天山の造り酒にも「蛍川」銘があるほどなのだ。

「葉隠武士」の里の味覚はいったいに質素淡白といわれる。天山の造り酒のキリっと襟を正すような「辛口男酒」の味香が、この葉隠のこころにつうずるとみるのは、あながちそう遠くを指してはいまい。

佐賀県小城郡小城町岩蔵に拠を構える天山酒造は明治八年、そのむかしからの銘である「岩桜」「天山」を買いとって創業した。いま、佐賀県の好適米である「西海《さいかい》」や「西海１３４号」をつかって約四千五百石の造り酒を醸《かも》す。ことにその純米酒の造りには定評があり、飲み飽きしないキレのよい天山の純米酒にはじめてであった昔日を憶いだす。

蔵をお暇《いとま》するためにそとにでると、春陽のもと蛍川の畔の桜はすでに満開で、春朧《はるおぼろ》の天山と白壁のお蔵が、なんともうっとりさせるような情緒を振りまいていた。

山の「天山」をあとにして、「窓乃梅」を醸すお蔵へ海をめざして行くことにしよう。

窓乃梅酒造本社のある佐賀郡久保田町は嘉瀬《かせ》川（その支流が天山の祇園川なのだ）の河口、有明の海もちかい。お蔵もこの嘉瀬川に沿うて、というより海に突きだすかのようにして石垣を連ねる。

ここ久保田の地は佐賀藩（旧・佐嘉郡《ごおり》）の歴史とふかいつながりがある。ゆうめいな「鍋島化け猫騒動」の因縁譚はごぞんじのかたもおおかろう。しかもこの「窓乃梅」という酒銘も安政六年のころ、ときの藩主鍋島直正公にその造り酒を献上したさいに下賜された、「年年にさかえさかえて名さえ世に　香り満ちたる窓の梅が香」の歌に因むという。

その窓乃梅醸造の古賀家は元禄元年（1688年）、約三百年というむかしにここ久保田の地に酒造りをはじめたと記録にのこる。

この辺一帯はひろく有明海が埋ってできた干拓平野である。それは天山のある小城からはじまって、なだらかにひろく有明の海に至る。しかも干拓といってもそれは人為的なものではなくて、永年の堆積作用が生んだ自然干拓というからおどろく。そういえばお蔵のある処の地名を「新田」という。

その干拓平野の豊かな米である佐賀米と嘉瀬川の水、それに低地の温暖な気候が生む酒はほんのりとあまく、醇味ゆかしい。

水路に面した窓乃梅酒造の蔵

窓乃梅の酒がほんのりとあまいのは元禄生れの所為《せい》だという説もあるが、ここではそれを採らない。いっぱんに佐賀県のみならず、九州の酒は（西の酒が総じてそうであるように）北の酒にくらべて醇味もゆたかだ。

それに、だいいち調味料である醤油、味噌のあまいのが九州だ。醤油などできあがった原液にさらにあまい調味液をくわえるほどだ。味噌も九州は麦ミソ地帯がひろく分布している。これもごぞんじのようにあまくちの味噌である。

しかし「窓乃梅」の造り酒は「海のあまくち」とひとが云うほど甘いワケではない。醇味ゆたかな旨口酒といったほうが当を得ていよう。九州ではめずらしい「山廃」の酒など、そのキレのよい醇味のふかさにおどろくばかりだ。

そんな窓乃梅の、吟醸酒をふくめた酒のはなしは次回のおたのしみとしよう。

その二三　佐賀・窓乃梅の巻（2）

（平成四年三月三十日）

前巻のつづきをはじめよう。

さいきんこのお蔵の山廃の酒をふたつほど唎《き》いてみた。「山廃純米酒」とそれを五年寝かせた「山廃純米古酒」である。

さきの酒は酸度、アミノ酸度ともに2をこす醇酒（それぞれ2.5と2.0）。酒造好適米〔※22〕西海134号と麗峰《れいほう》をつかって60%までみがく。蔵附き酵母と山廃酛《やまはいもと》〔※47〕のおりなす風味にほのかな老《ひ》ね〔※189～191頁参照〕がじょうずに生きて、西の山廃酒の劃たるもののひとつといえよう。ただし乳酸の味香がつよくでるタイプとはいえない。

たいして五年古酒。これはめずらしい酒で、まさかお蔵が海のちかくというワケでもあるまいが、かそけき塩の味、汐《しお》のかおりの風味がかんじられる。しかし待たれよ。たとえばスペイン国エミリオ・ルスタウ社のアルマセニスタ・シェリー〔※3〕「マンサニーヤ・デ・サンルカール」を飲まれたことのあるかたはお判りとおもう。その辛口フィノ・シェリーには海に面したまちサンルカール・デ・バラメーダの汐のにおいが見紛うことなくするではないか！

この酒、その古酒香もいわゆる老《ひ》ね香《か》タイプの老酒《ラオチュウ》様香ではなく、キャラ香やナッツ香の複雑にいりまじった熟成香で、この点でも一般流通の古酒とは一線を劃するといえよう。

窓乃梅　古賀醸治蔵元と巨大な貯蔵甕

お蔵の吟醸酒にはなしをすすめよう。大吟醸「香梅」と吟醸「花伝」は南極酒である。窓乃梅の造り酒の吟香には熟した南国の果実のかおりがあるという。この蔵の使用酵母は九号系だが、なかでも「香梅」にはのちの巻で詳述するいわゆる「香露酵母」系の蔵培養酵母がつかわれている。やはり九号系の酵母はなんといっても南国育ち。やはり風土にかなった酵母はあるものだ。

ほかにもこの酵母、おもしろいところでは通称「佐工試1号」（SK・1）酵母とよばれるものがある。窓乃梅のお蔵では「卑弥呼《ひみこ》フレーバー酵母」などとシャレている。よく香りのたつ酵母で、これをつかった市販酒を「花想う花」という。そのネーミングからも判るようにターゲットを女性に振った酒である。

その香り、窓乃梅では吟醸酒のかおりの主成分である「カプロン酸エチルエステル」がなんと4.7ppmもでるという。ほかの蔵では平均3.5くらいといわれているが、これは醪《もろみ》をかなり引っ張らないとでないといわれ、お蔵ではことしは上槽《じょうそう》〔※26〕まで三八日もかけたという。短期醪型〔※29〕の九州ではめずらしいことである。

めずらしいといえばこの蔵は吟醸酒の貯蔵保存に白陶磁器の斗甕《とがめ》で囲っている。ふつうはガラス製の斗瓶《とびん》をつかい、それも上級の鑑評会出品用の酒のみいれるものだ。おなじ白陶磁器の巨大な貯蔵容器も一器現存する。大正期のころのものという。ほかでは三重県のあるお蔵で同型のものをいちど見かけたことがあるくらいだ。

佐賀の夜は佐賀市の飲み屋街である愛敬一番街にある「ふるかわ」という居酒屋にでむく。窓乃梅蔵元古賀醸治さんご推薦のお店である。

暖簾をくぐってまず驚かされた。どことなく武田鉄矢に似た風貌のオッチャンが、なんと南極観測船しらせのキャップを被ってお出迎えしてくれたというわけだ。当方しばらくは狐につままれたよう。聞けばしらせ全国巡業のおり、長崎寄港のときに求めた帽子という。訪店のことは事前に醸治さんから連絡がはいっていただけのこと。事情がわかればなにごともない。

有明の海の幸は〈その二二の巻〉でふれた。ここ「ふるかわ」でもおとくいの「ガン漬け」がでる。シオマネキ蟹の塩辛である。この店では「よこばい豆腐」とこれを名づく。トウガラシを利かせて漬けたガン漬けが豆腐のうえに乗ってでる。それを「寒菊」という窓乃梅のオリ酒〔※7〕で飲《や》ってみる。

吟醸酒を囲う白磁の斗甕とガラスの斗瓶（右のふたつ）

南国独特の二重タンク使い
（ふたつのタンクの間に氷を詰める）

粘稠味のある酒はそれはそれで旨かったが、このガン漬けはどちらかといえば古酒に合いそうな味であった。

そのあとにはジャッパ（しゃこ）がでる。はしりの筍がでる。蕨がでる。それには「花鏡」という酒を添わせる。耳慣れぬ酒銘だったがきけばだい好きな窓乃梅の中吟醸「花伝」のふるかわオリジナルだそうな。ことしの花伝はとてもよい。これはぐいぐいいけて止めどない。

腹に飯粒（じつは卵）のぎっしりと詰まった「イイダコ」（飯蛸）がでる。その米の部分をどう食わせるかがこのイイダコ料理の要諦という。卵の風味を生かした淡彩の味附けは、そのママかそけき吟香吟味の「花伝」もとい「花鏡」でつづける。イイダコは腹が膨れるからそうたくさんは食せぬが、これもとてもよい出会いといえた。合間にちびりちびりとガン漬けを嘗《な》める。

「クッゾコ」を煮附けにしてもらう。靴の底に似ているからクッゾコか。舌鮃《したびらめ》のなかまときくが、シタビラメというより身の厚いカレイそのもの。有明の名物魚のひとつだそうな。煮附けよし、塩焼きよし、造りもまたよし。これはオリジナルの花伝を温燗《ぬるかん》にしていただく。

呑みかつ喰ううちに、この店のあるじ、武田鉄矢もとい古川則雄さんがタダものでないことに気

古川則雄さんと佐賀の水路でタナゴを釣る。

づく。かれの割烹も並ではないが、酒にたいする思い入れと鑑識はその置く酒をみてもよういに察せられるというもの。このたびの九州は季節柄生酒がおおかったので、火入れ酒秋上りのすきな当方としては少少辟易の感なきにしもあらずだったが、古川さんがとっておきの酒とだしてきたのが、あの釜炒り茶のまち嬉野に蔵を構える「東一《あずまいち》」の純米オリ酒。佐賀の甘と酒の粘稠味がよく調和してそこにゆかしい吟醸味香がくわわり、生酒ではあったがこれも醇味ふくらむ佐賀の酒として捨て難いものがあった。

そんなコトをうだうだと語りつ呑みつ酔爛《すいらん》の佐賀の夜は更けていった……。

その二四　熊本・香露の巻

（平成四年三月三十一日）

こんかいは佐賀県の山・海の酒から、おとなり熊本県のふたつのお蔵に廻ってみたい。さてことはじめは高名な大吟醸「香露《こうろ》」を醸《かも》す熊本市の「熊本県酒造研究所」である。

鹿児島本線を熊本の駅で降り、タクシーに島崎の酒造研究所へと伝える。熊本城の西側でトンネルを抜けてJRの高架橋を渡ると、その手前からみえていた煉瓦の煙突が古風な趣を見せる「研究所」はすぐであった。

ここで「熊本県酒造研究所」とはみょうな名の酒蔵だとおもわれるかたもおられよう。このことをおはなしするにはまず、吟醸の神様と呼ばれ慕われた故野白金一博士（1876～1964）の事績にふれずにはすまされまい。

研究所の門をはいると左の庭のかたやにりっぱな銅像の立っているのが目にはいる。野白博士の胸像である。

江戸時代、細川氏が領していたころの肥後の国では「赤酒《あかざけ》」を国酒とし、藩民には赤酒と濁酒いがいの酒を飲むことをかたく禁じていた。

その「赤酒」とは灰持酒《あくもちざけ》の一種で、島根の「地伝酒《じでんしゅ》」（さいきん、松江の「豊の秋」さんで再興された）と同系統であり、一説には大陸（朝鮮）起源ともいわれている。（日本古来の「くろき」醸造法にも似ている）。これは灰のもつつよいアルカリ成分で酸を中和し腐造をふせぎ、清酒ではふつうに行われている火入れ作業をしない酒である。明治の新政府以降、いっときは壊滅状態にまで落ちこんだこともあったがしぶとく生きつづけ、げんざい「東肥の赤酒」や後述の「千代の園」のお蔵で復活しており、主として調味料や屠蘇《とそ》用として熊本県民にはいまも変らず愛用されていると聞く。

しかしこの赤酒の伝統があったがために、熊本の清酒醸造技術のほうはおおきくたち遅れていたのだった。その赤酒醸造から現代の清酒醸造へと強力に指導していった立役者が野白金一博士そのひとなのである。博士はもともとは島根県松江の出身で（地伝酒の国から赤酒を退治にきたという因縁これ如何に?!）、とうじ熊本税務管理局鑑定部部長（げんざいでいえば熊本国税局鑑定官室長）の籍にあった。頑迷な「肥後もっこす」である県下の各蔵元を説いて廻る博士のご苦労は想像に余りあったろう。そしてひとつの蔵内《くらうち》での先住者赤酒酵母と後発清酒酵母との熾烈な戦いもまた……。

野白金一先生の像と萱島昭二氏

研究所設立のころの経緯や先生の酒の呑みっぷりなど、野白博士を語るうえでのエピソードには事欠かないが、ここでは二三の事績を挙げるにとどめよう。

麹室《こうじむろ》の調湿用の換気装置「野白式天窓」の

発明や、その指導による全国品評会でのおおくの入賞実績はよくしられたところだが、なによりも野白博士の名をたかからしめ、げんざいもなおその多大な恩恵にあづかっている不朽の功績は、なんといっても「熊本酵母」の分離選定と、その酵母をつかった南国熊本の吟醸造りの確立であろう。

この熊本酵母についてはこのあとふれることにして、野白先生は短期型醪《もろみ》（九州では前急型短期醪〔※29〕で仕込む蔵がおおく、たいていのお蔵の仕込み日数は二一〜三十日ほどであろうか）や若めだがよくハゼ〔※34〕た麹の使用、また今回の旅でもいくつかのお蔵でみかけた、木製の大桶を外側につかって仕込みタンクをその内側に入れ子にした二重タンク使い（※136頁参照）など暖国に適した醸造法を指導した。ちなみに「高温糖化酛《もと》」〔※14〕の使用も暖国九州ならではの酛立て法といえよう。

さてその「熊本酵母」であるが、野白博士の分離した「熊本香露酵母」（研究所酵母）と、そこから派生したげんざいの「協会九号酵母」〔※11〕を混同しているムキがおおいのは嘆かわしい。むろん元がひとつなのはいうまでもないが、分離してから永の年月が経っているげんざい（香露酵母の分離は昭和二八年頃。協会九号酵母の発売は昭和四二年）、そのおのおののもつ性はおのずと変化してとうぜんといえよう。だいいち後述のごとくかたや完璧なまでの字義どおりの手造り。しかしいっぽうの協会製はハイテクの大量培養。だがしかし、これもまた無理からぬというもの。いま、全国の吟醸造りのたいはん（昭和六二年滝野川出品酒の77%、入賞酒のなんと91%が協会九号使用という）の需要を満たすにはそうならざるをえまい。

野白先生亡きいま、孜孜として研究所を守りつづけるかたが、全国の酒造所（酒蔵）で醪管理にたいへんな威力を発揮しているゆうめいな「B曲線」〔※35〕の考案者でもある専務の萱島《かやしま》昭二さんである。萱島姓といえばすぐにおとなり大分県の銘酒「西の関」蔵元、萱島須磨自《すまじ》氏を思い浮かべるかたもおられよう。そう、香露の萱島昭二氏は西の関の萱島須磨自氏のご実弟なのだ。

野白先生の跡を継がれて女婿として研究所いりした萱島さんは、県下の蔵元さんたちに先生が基礎を築いた野白流熊本吟醸の市販を説いてまわった。昭和三五～六年頃のはなしである。しかし、とうじ品評会用には吟醸酒はたかく評価されてはいたものの、それをそのママ市販しようという蔵元は皆無だった。げんざいでは想像もつかない状況といえよう。

香露の仕込みタンク

吟醸酒の味と香りはともにあまりに従来の清酒からはかけ離れていた。そのころのいっぱんの晩酌型の消費者にはとても受けいれてもらえる酒質とはおもわれなかったのだろう。できた吟醸酒は市販されることなく、みな蔵の特級酒などに混ぜてしまうのが通例だったのである。

そこで昭二さんはお里帰りのさい、兄である須磨自さんにこのはなしをもちかける。二氏の情熱による吟醸酒市販は昭和三八年一二月のこと。記念すべき「西の関・秘蔵酒」の発売であった。しかし発売してからも吟醸酒苦難の日びはつづき、なんと年間１０００本を超えて売りこなすのに四年もかかったという。香露、西の関はじめ銘吟醸酒払底の昨今、信じられないようなはなしである。いまもっとも入手しがたい吟醸

保存菌株用の冷蔵庫前にたつ
萱島昭二氏

酒のひとつである研究所製「大吟醸・香露」（年産６０００本ほどと聞く。ありがたいことにこの酒も南極の酒のひとつなのである）が商品となるのは、そのずっとのち、昭和五二年になってからのことである。

いまも西日本の造り酒屋のいちぶでは「香露詣で」が欠かせないという。仕込みの時期がおとずれると、おおきな鞄《かばん》をもった男たちが研究所の門をくぐる姿をめにすることがある。さきに記した「研究所酵母」を譲りうけるために各地から遥ばるやってきたひとたちだ。やはり直系の魅力には逆らいがたいものがあるのだろう。３dl入りの硝子瓶にはいった「香露酵母」には蓋としてただ綿栓がしてあるだけだから、むろん郵送などできっこない。仕込みのために鞄にいれてみずから持ち帰るだけだ。

この「研究所詣で」を欠かさない酒蔵は「西の関」はじめ西の銘醸蔵に数おおい。九州以外でも愛媛の「梅錦」あり広島の「賀茂鶴」あり、その数七〇の酒造所に及ぶという。

その「直系酵母」の培養を一手に引きうけて、時期になると寝ずの苦労をつづけておられるのが、誰あろう、さきの萱島昭二さんそのひとなのである。

蔵の敷地の一劃にあるプレハブ造りの培養室に入れていただいて驚いた。

ときはパスツールの時代にタイムスリップしたかとおもわせる。ことに木製の無菌操作箱などはけだし圧巻であろう。ハイテクとはおよそ縁のない、失礼をしょうちでものもうせば、こんな原始的な道具で精密な無菌的処理をこなしていかねばならぬご苦労は想像して余りある。

げんざいも使用している木製の無菌操作箱

安全のためいくつかの冷蔵庫に分けていれられた保存菌株がある。醸造の時期がちかづくと、この菌株でまたいくつかの純粋培養をつくり、その培養酵母での醗酵試験を繰りかえす。なかでいちばん優秀な菌株を培養増殖して前記硝子瓶に詰めて配布する。その数たるやなみたいていのものではないのだ。それを昭和三一年から毎年欠かさずつづけてこられたという。ただただ頭のさがるのみである。

ひとはそれを情熱という。しかしそんな一片のコトバではとても云いつくすことはできない。萱島さんのこんなにも烈しい念いはどこからくるのだろう。研究所入所いらいこのかた、まのあたりにしてきた野白博士の「もっこす」ぶりのすさまじさが乗りうつられたのであろうか！

萱島さんのつづけてこられたことの清清しさと、野白流吟醸の辿ってきたみちに憶いを馳せて、今宵しみじみと銘酒香露を酌みたいとおもう。

その二五　熊本・千代の園の巻

（平成四年三月三十一日）

熊本市内の「酒造研究所」からこんかいの「千代の園」のお蔵のある山鹿《やまが》の里（しかしいまは「市」である）へゆくには、この旅のはじめに登場した八女（福岡県）のほうへとおおきくあともどりするようなかたちとなる。

山鹿は「山家《やまが》」につうずるなどと勝手にひとりごちていたのだが、しかし山鹿市の名誉のために、いま謹んでこの不明を訂正させていただく。それは想像していたのとはずいぶんとちがって、ここ山鹿は文化の香りただよう小都邑《とゆう》なのであった。

「あんたがたどこさ、ヒゴさ、ヒゴどこさ、クマモトさ、クマモトどこさ、センバさ、センバヤマにはタヌキがおってさ、煮てさ焼いてさ食ってさ……」は子供のころ遊んだ俗謡である。（とおい九州肥後の国のことが、なぜか関東でも謡われていたことが不思議ではある）。それはいつの時代のことかしらないが、いまもこんな想像から抜けだせぬ自分を恥じた。センバヤマがどこにあるのかもしらないけれど、まさか山鹿の里へいっても煮焼きして食われることはなかろうとこころに決めた。

さて戯言《ざれごと》はこれくらいにして、菊池川の畔に建つ「千代の園」のお蔵では蔵元の本田勝太郎氏と常務取締役の亀井宏成氏のおふたりが待っていてくださった。蔵元ご子息の雅晴氏はあいにく外出ちゅうでいまはお会いできない。

お蔵をご案内して戴くまえに、亀井さんの発案でまちを繞《めぐ》ってみることになる。まず第一番にみるべきものとして、本田家にも縁のふかい「八千代座」へいってみる。芝居小屋である。

本田家ユカリの因縁をもうせば、明治四三年、山鹿実業会によって建設された町民文化の俤《おもかげ》をのこすこの芝居小屋は、管理運営上荒れるにまかせていたという。みかねた現社長勝太郎氏が中心になり、賛同者を集め、また私費を投じて再興なされたと聞く。

この手の芝居小屋は全国にもまだいくつか現存するそうであるが〈その資料なども館内に掲げてある〉、ここでは四国香川は琴平の里にある「金丸座」が憶いだされる。琴平については〈その一四・金陵の巻〉をごらんいただきたい。

再興后まもないためか甍《いらか》など新しくきもちよい。内部の造り、舞台や棚割り〈枡席〉などは琴平の金丸座と大同小異だが、廻り舞台のカラクリがここ八千代座は独特である。金丸座とちがい明治にはいってから建てられたことがその仕掛けをハイカラなものにしている。なんとそれは独逸《ドイツ》国から鉄道のレールゲージ〈ドイツ・クルップ社1910年製鉱山トロッコ用〉を輸入し、台座のレールから舞台の車輪までそっくり鉄道用を流用しているというめずらしいもの。そして琴平どうよう、いまも定期的に人気役者を招いて芝居が掛かるという。客席に満座の土地のひとびとを想像しても、それはなんと風流な文化ではないか。

風流といえばここ山鹿の里は雅《みやび》な「山鹿灯籠」でもひろくしられる。

無風流の輩にはトウロウといえば「石灯籠」や「灯籠流し」くらいしかおもいつかないが、こころ

千代の園酒造お蔵元

みにまちにある「灯籠会館」へいってみられよ。いままでのトウロウに対するイメージにおおきな認識のズレのあったことがよく判ろうというもの。

　ここ山鹿では灯を点した灯籠を頭に被って練り歩く灯籠祭りがゆうめいなことは云わずもがな、灯籠作家の造る異色の作品（これをしもトウロウと呼ぶのか?!）に目を剝《む》きめを瞠《みは》ることだろう。その和紙を手繰る技術が造りだす、繊細かつ雄大な作品の数数！　なんとここ山鹿では巨大な史蹟建造物などを鋏と糊で造りあげる作品をまで「灯籠」と呼ぶのだった。


「千代の園」のお蔵にむかおう。

　その蔵は菊池川の畔にあるとかいた。むろんそれには理由《わけ》がある。むかしのまちのメインストリートがお蔵のまえを通り、すぐに河畔につきあたる。そこはとうじの舟着き場。ここからいわゆる「肥後米」の積みだしをしたのだ。そう、千代の園の本田家は江戸期、米屋業を営んでいたというワケである。そこにはいま、むかしの舟着き場のおもかげはないけれど、げんざいもその事実を示す史蹟の案内板がたっている。米を扱う土地の大旦那が酒造業をはじめるのは、これもしぜんのなりゆきといえようか。

さて、ずっといぜんのこと千代の園の造り酒にさいしょに注目したのは、その「朱盃」という純米酒によってであった。ごぞんじのかたもおられようが、千代の園のお蔵は「純粋日本酒協会」(通称純米酒協会)の初期からのメンバーのひとりなのだ。「窓乃梅」「天山」「冨の寿」「賀茂泉」はじめ、この協会のメンバーの造る純米酒にはふかい憶い出がある。そして学ぶこともまたおおかった。

先回の〈香露の巻〉でもふれたことだが、いっぱんに九州は前急型短期醪で酛立てに高温糖化酛をつかう。むろんこのお蔵も例外ではない。それは熊本野白流のながれをくむ造りである。外側に大木桶をつかった入れ子の醪タンクも野白流そのままだ。

暖国九州に短期モロミのおおいのは、永く引っぱることによる雑味の醸出を嫌ってのことであり、高温糖化でさっさと糖化だけ済ませてすっきりした酒質をめざすのも、ややもするとクドくなりがちな南の酒の知恵というものであろう(ちなみにこの高温糖化酛を北の地方でつかうとどうなるか。小川・明利十号酵母と高温糖化で仕込む山形の「栄光冨士」の造り酒を参照せられよ)。

千代の園の酒にはなしをもどそう。さきの純米酒「朱盃」は五百万石一等米を60%まで磨いて、「朱盃酵母」とよばれる独自酵母をつかった高温

千代の園　本田雅晴氏

南極観測船“しらせ”船上での著者担当
日本酒講座（しらせ大学）のパーティーにて

糖化酛で造られる。

またお蔵の代表的な大吟醸酒である「千代の園・エクセル」は山田錦を45％に磨き、先回いらいおなじみの「熊本香露酵母」をつかって仕込まれる。このお蔵もれいの萱島培養「カバン組」のひとりなのだ。

さて南極酒であったその「大吟醸エクセル」にはおもしろくもまた興味ぶかい憶い出がある。この酒は熟成の味香の変化を前提に、お蔵では飲まれる時期の提案をしている。そのためにワイン瓶入りのコルク打栓の酒である。この酒は南極でどのように熟成していったのだろう？

ほんらいかなり濃醇な旨みとつよい吟香をもっていたエクセルは、かの地で驚くほどの変化（これもやはり熟成とよべよう）をみせた。ちなみにやはり濃醇な酒である新潟の「ふなくち菊水」（これは吟醸酒ではなく本醸造の原酒）もどうようの経過を辿った。

ごぞんじだろうか。南極大陸は極度の乾燥地帯である。見渡すかぎりの氷の大平原は見様《みよう》によっては白い波濤の大海原にもみえようが、その実体は「白い沙漠」そのものといえる。駱駝《らくだ》が沙漠の舟ならば、雪上車は白い沙漠を彷徨《さまよ》う鉄のラクダといえよう。

ところで健全な肉体と感覚をもつひとならば、温暖の陽性とその反対の寒冷の陰性を理解するにそう困難はなかろう。そしてすさまじい寒冷大陸南極が極陰《ごくいん》であるというコトも。

しかしそんな南極においても生活する基地の室内は、ありがたいことにコントロールされた恒温状態で年ぢゅう暮すことができる。むろんガラス瓶入りの清酒やワインが室内保存なのはいうまでもない。だからこの大陸ほんらいの性である「陰」の作用は、室内にいるかぎりそんなに酷くははたらかない。それよりも恒温保存庫内の醸造酒には極度の低湿度の力のほうがつよくはたらく。

湿潤が陰ならば乾燥は陽。のろさが陰ならばはやさは陽。静謐が陰ならば活動は陽である。お判りいただけたろうか。ここでは南極大陸がほんらいもつところの陰の作用よりも、乾燥の陽、保存庫の恒温の陽そして時間の陽の作用がつよくはたらき、熟成の早さ（陽）と活動（陽）がともに盛んになったというワケである。

さてそうなると「千代の園・エクセル」は隊員たちにどう飲まれたろうか。

極陰大陸南極ではやはり陽性の食べもの（たとえば肉）が好まれまた必要とされる。だから醇味豊かなエクセルは越冬の初期（季節は夏。二四時間太陽は沈まない）、屋外作業のつづく隊員たちにはとても評判がよろしかった。ところが越冬も後期になると酒も熟成（陽）がすすむ。冬期（太陽はいちにちぢゅう地平線から顔をださない）、なんヶ月も室内ばかりで暮す隊員には、戸外の寒冷の陰の作用よりは室内の乾燥・恒温の陽の作用のほうがよりつよくはたらくことになる。そうなるとひつぜん的に熟成のすすんだ濃醇な酒（陽）より淡麗《たんれい》な酒（陰）やビール（水分や冷却はむろん陰）が好まれ、また身体が要求する。陰は陽を引き陽は陰を引く。同性は相反発するの定理どおりだ。

南極にて千代の園を手にする著者

乾燥と恒温と時間（熟成）でより醇味を増したエクセルは越冬の終盤に至り少少飲みづらい酒になってしまったようだ。これは興味ある事実といえよう。やはり酒は風土の生み育てたもの。郷に入らば郷にしたがえ。身体と産物（食物）はふたつならずという「身土《しんど》不二《ふじ》」は真理であろう。

そんな南極でたのしませていただいた千代の園の造り酒も、高温糖化酛の特徴をよく生かした、濃醇すぎぬ（むろん北の酒の淡麗とはちがった）酒質にすこしづつすすんできているようにみえる。時代の要求もまたあるのであろうか。先日の冬のある日のこと、ひとり「南極酒エクセル」をたのしんでいるとき（むろんここは日本なのだ）、フト憶い浮んだことである。

その二六　大分・西の関の巻

（平成四年四月一日）

「くにさき」、なんとうつくしいよび名だろう。
「国東」とかいて「くにさき」とよむ。九州というと「防人《さきもり》」がおもいうかぶが、「さきもり」は「崎守」である。いずれにせよ「さき」は辺土であろうから「国東」も国の辺境になろうとおもうが、その国とはなんの国を指すのだろうか。

倭の国の政治的中心地であった邪馬台国に大和説と九州説があるのはご案内のとおりだが、さいきん注目されているその九州説のひとつに「宇佐邪馬台国説」がある。宇佐八幡宮の下に眠る菱形古墳が神功皇后の御陵ではないかという説からうまれたものである。宇佐はいうまでもなく国東半島の附け根にある。宇佐邪馬台国からみれば国東《くにさき》はまさに「くにのひがし」であろう。

詩人山本太郎はかつて「国東はいまも観光で汚されない数少ない秘境のひとつだ」とかいたが、その事実はいまもまたかわらない。六郷満山両子寺、文珠仙寺ほか国東はいにしえの佛息づく処におわします。そしていまも国東霊場めぐりの老若男女の絶えることがない。７２１ｍの両子山を頂点にして、お椀を伏せたように広がる国東の、その山懐にひっそりと眠る石仏・石塔（国東塔）をもとめてこの地を訪なう旅びともみうける。昭和四六年に大分空港が国東に開港されてずいぶんと便利にはなったけれど、それでも半島の奥地へはいれば山本太郎の指摘はいまもそうとおくを指してはい

西の関・萱島酒造お蔵元
銘酒たるユエンの数おおくの表彰状

まい。

その大分空港から車で10分たらずのところ、国東半島の最東端、伊予灘に突きだす黒津岬にほどちかい国東町綱井の地に、九州大分を代表する銘醸蔵（西日本をとかきたいが、このはなしはこのあとすぐにふれる）「西の関」の蔵元がある。

西の関にはとおい憶い出がある。はなしはとつぜんとぶが昭和四〇年（１９６５年）、この年ひとりの少年がはじめてドイツワインというものに出会った。それはそのときまでわが国では飲まれること皆無だったドイツワインの銘醸ものを、カメラのライカでしられた西ドイツの精密光学機械メーカーであるエルンスト・ライツ社の日本総代理店、シュミット社社長井上鍾《あつむ》氏が輸入をはじめてまもなくのころであった（これについては〈京都・月の桂の巻〉でじゃっかんふれさせていただいた）。

そしてとうじそのシュミットにおられたのが、げんざいわが国ドイツワイン界の権威としてしられる古賀守氏である。そのころはまだ高校生になりたてだったのだけれど、ずいぶんと古賀氏（習慣で古賀さんとおよびしたい）には可愛がっていただいた。だがドイツワイン事始めのはなしについてはべつの機会を俟つことにする。

その古賀さんから日本酒の名酒がドイツにいくことになったというはなしを聞いたのは、1973年のことではなかったかと記憶する。

ラインワインの銘醸地、ラインガウのヴィンケルにあるフォルラッツ城の当主、マトゥシュカ・グライフェンクラウ伯爵八十歳の誕生日に世界ぢゅうの名酒が城に集まるという。その機会に日本を代表する銘酒を推薦してくれるようフォルラッツからシュミット宛に要請があったのだ。そこで懇意にして戴いていた坂口謹一郎先生にご相談もうしあげたところ、東の代表として新潟は亀田の「越乃寒梅」、西の代表として大分は国東の「西の関」の名が挙がったのである。そんな経緯《いきさつ》をその時分二十歳半ばだった若造が、ごく身ぢかでつぶさに聞いていたのだった。それは越乃寒梅が幻などといわれて人口に膾炙《かいしゃ》するいぜんのことであり、また西の関の名もいちぶの篤志家をのぞき関東ではいまほど知るひとはおおくなかった。

その東の代表越乃寒梅も憶い出ふかく忘れられない。そのときから五年ほどたった1978年春、まだ先代の石本省吾氏がお元気だったころ、古賀さんに紹介状をかいていただいて寒梅のお蔵を訪れたことがあった。そのおり、母屋の自室にこのとつぜんの訪問者を招いた石本氏は、ツと立って書架からおおきな世界地図をとりだすと、この蔵の酒のいったフォルラッツ城とはどこにあるのですか、おしえてほしいと仰《おっしゃ》った。そこですぐさま西ドイツの載ったページを開くと、氏のさしだす赤鉛筆でライン河畔のヴィンケルの地におおきく赤丸をつけたのだった……。

さてはなしがそれてしまった。そんな因縁のある西の関の酒であるが、これがご縁というものであろうか、后年の南極行に際してもその越後の越乃寒梅とともに国東の西の関を積むことは忘れな

西の関　萱島須磨自蔵元

かった。

この西の関に「秘蔵酒」という吟醸がある。この酒の発売とうじの経緯については先先回の〈香露の巻〉でふれているのでご覧いただきたいが、この酒「秘蔵酒」がシュロス・フォルラッツで供された酒そのものなのである。そしてわが南極酒もまたこの酒なのだ。（南極酒は正確には「秘蔵古酒」）

秘蔵酒発売の昭和三八年といえば東京オリンピックの前年、ちょうどさきにかいたようにシュミット社が銘醸ドイツワインを入れはじめたころ、そして少年時代にドイツワインに出会ったころのことである。わが国吟醸酒市販の嚆矢《こうし》といえよう。

ご当地で「関の酒」として親しまれる西の関は地酒である。なにをいまさらとおっしゃる御仁はかんがえてもみられよ。いま日本国じゅうの処酒《ところざけ》で都会での消費を意識していない蔵は尠《すく》なかろう。銘醸の依ってたつところは「風土と人」がひごろの口癖だが、しかし都会の消費ばかりにめがむきすぎてそれに媚びてしまうと、その造り酒はどうしても似たような酒になってしまいがちだ。それも体力気力の衰えてしまった都会人の嗜好に合わせると、云わずもがなどれをとってもれいの淡麗辛口。気骨のある酒にはなりえない。

世界じゅうの酒を見まわしてみるがよかろう。どれもそろって「ライト・アンド・ドライ」一辺倒だ。莨《たばこ》でさえライト・アンド・マイルドとやらで味無しタバコばかりが跋扈《ばっこ》する。減塩減糖が叫ばれる昨今、「酸と糖の絶妙のバランス」を誇ったドイツワインですらちかごろはトロッケン（からくち）流行りだ。また八つ当たりが少少過ぎたようだ。

そこへいくと九州の酒はいい。わが西の関がまったく都会を意識していないのかどうか定かにしるよしもないが、しかしその造り酒は風土をよく生かして間然するところがない。

またひとがいい。西の関蔵元萱島須磨自《かやしますまじ》氏（〈香露の巻〉でかいたように氏は熊本県酒造研究所の萱島昭二専務のご令兄である）は云う。「酒は勁《つよ》くなければいけません。つよい酒は秋になると旨くなります。その意味で新酒生酒はまだ未熟な酒といえましょうし、吟醸酒にも未完成な酒がおおいようにおもわれます。この蔵では淡麗なだけの酒より力づよい酒を造りたい」と。

萱島進専務と３８年秘蔵古酒

そのような勁い酒を造るには「麹〔※15〕造り、炭素濾過〔※31〕の問題、完全醗酵（ボーメ〔※41〕を喰い切らせるということ）」がだいじであろうとも。お蔵の中村杜氏も「酒造りは麹をいかによく造るかに尽きます」と云い添える。

萱島蔵元のいうそんな西の関の「勁い酒」の神髄をみたのは、夏でも20℃強にしか上らないという常温の蔵に、まさに文字どおり秘蔵している「西の関・秘蔵酒」の、三八、四二、四三、五五、五八、平一、平二年の酒を唎き酒させていただいたときであった。（それにしてもなんと豪華なラインナップだったことか!!）

斗瓶《とびん》ならぬ一升瓶に秘蔵酒発売の昭和三八年からのすべての酒を囲っているのも壮観であったが、それが常温貯蔵で、しかもなんとそれらはポリエチレンを噛ませて栓をしてあるだけという簡単至極なもの。底のほうに5分の1ほど残った三八年酒のひと瓶など、このまえこれを飲んだのはいつだったかしらというおおらかさだ。しかもそれが未開封の瓶のおなじ三八年酒と味香に寸分の違いがないのに驚嘆する。これこそが蔵元の云う勁い酒というものか。

そんな三十年近く経った酒を、これも時代がかった切子のワイングラスに注ぐと、そのおどろくばかりの透明感はどうだ。耀《かがよ》うようなその酒は刻《とき》へて衰えをみせるどころか、その色ドイツワインのアウスレーゼ〔※1〕のごとくして、その味香また堅果《ナッティ》風味の年経たシェリー酒アモンチヤード〔※2〕のごとし。そして葡萄出来の酒《ワイン》にない米の酒特有のやさしさがある。これを熟成とよばずしてなんといおうか。これをしも世間にいう「老《ひ》ね」とよべようか。それにしても西の関の古酒は大人《たいじん》の風格を帯びる。嗚呼《アア》、「酒という知恵に思いついた人間の……」（山本太郎）

その二七　鹿児島・太古屋久の島の巻（1）

（平成四年四月二日〜五日）

ひとりの山好き、植物ずきにとって永いあいだずっと気に掛かっていた屋久島へやってきた。この鹿児島の南130kmの海上に浮かぶ周囲105kmの南海の孤島は、自然に親しむものにとって、国内にのこされた数すくないパラダイスであろう。

九州本土の清酒蔵繞りを大分の西の関でひとまず終えて、大分、鹿児島、それから屋久の島へと空路をつないで到着した。絶海の孤島とはいえ航空機をつかえば鹿児島空港から30分強の呆気なさだ。このちかさゆえに自然の豊かさがいつまで保たれるのか。杞憂におわればといまは切に希う。げんじつに磯釣りの宝庫としての屋久島はしょうじき過去の栄光だ。シーズンになると島に渡るひとの半分（はオーバーにしても）は釣師であるという。そして地元の釣りびともずいぶんとおおいようだ。

屋久島といえば打ってかえすように屋久杉、縄文杉と答えがかえってこよう。しかし九州の最高峰がじつはこの屋久島にあるというじじつはいがいと知られていない。その名を宮之浦岳といい、標高1935m。なんと2000mちかい高峰がちょくせつ海抜0mの海面から屹立《きつりつ》しているのだ。1000mをこえる峻峰は三〇に余るという。

そして山岳もふくめた屋久島ぜんたいを生み育んだとおなじ天の恵みが、この島の自然、その豊饒な植生や数おおい動物たちをもまた育んでいるのだ。島特産の屋久シカ、屋久ザルの数は島民のそれをかるく超えるというはなしであった。

またお椀を伏せたようなこの島では、海岸附近のガジュマルなどの亜熱帯植生から、冬には雪の積もる山頂ふきんの亜寒帯植生（名花ヤクシマシャクナゲはじめ、そのアタマにヤクシマと附くおおくの高山植物がある）に至る劇的な変化をみせるのである。海岸部にその宿をとってこれらの高峰のひとつに登られるがいい。植物の種類が一気呵成に変化してゆくさまに驚嘆することであろう。


宮之浦と安房《あんぼう》の集落からどちらもおなじくらいの距離にある屋久島空港に着いたとき、その安房のまちからわざわざ出迎えにきてくださったのは、本坊酒造屋久島工場の工場長市囿《いちぞの》清次さん。この工場で焼酎「太古屋久の島」「南海黒潮」を造る九州男児の好漢である。

その本坊酒造の造り酒のはなしはひとまずおいて、山好き釣りずきの市囿さんとまずは山に向かおうか。なぜといって、ひと月三十五日雨の降るというこの島で、きょうはめずらしいくらいの好天なのだから。

海岸縁から登ればまるまる２０００ｍを稼がねばならないが、そうなるとすくなくとも一泊二日（できれば二泊）の日程がひつようとなる。旅急ぐことは本意ではないが、こんかいの旅は九州本土でずいぶんと時間を喰ってしまった。工場長ご好意の車をつかい、工場のある安房のまちから林道を利用して、安房川の大支流である荒川の最上流部にある淀川小屋へといっきに登ろう。

のぼりはじめてすぐに目につきはじめるのは、亜熱帯のシダ植物であるヘゴ、オオタニワタリのたぐいだ。湿潤の地にふさわしいお出迎えである。初夏になればそれらの樹下の腐葉にはガンゼキラン、ヤクシマシュスランなどの可憐な蘭科植物の花も咲くことだろう。

孤島とさきにかたけれど、しかし５００㎢はあるこの島はなかなかに広い。しかも海岸からすぐに山ははじまる。お椀を伏せたようともかいたが、リンゴを縦割りにしたみたいだと表現した先達もいる。ともかくその山ぶかいのには驚く。

いますすむ林道はところどころで眼下に安房川、荒川の深い峪《たに》を見おろして奥へのびる。この峪には山女魚《ヤマメ》が棲むという。がんらい鮭科は棲まぬ屋久島ではあるが、京都大学の今西錦司博士の肝煎で本土より移植放流したものが宮之浦川と安房川の二大河川に繁殖したときく。南海とはいえ雪の積る山をもつ島ゆえであろう。そしてその深山から潺潺《せんせん》と流れくだる清冽な水が、かれらの生育環境に適していたことも倖いしたといえよう。しかも島の釣りびとたちの関心はもっぱら海であるから、このふかい剣呑な峪に棲む清流の妖精にちょっかいをだすものはすくないようだ。釣師のオモリで頭がタンコブだらけになった内地の魚ばかり相手にしている渓流釣りずきにはたまらないはなしだろう。

ときどき屋久ザルが道路をふさぎ、屋久シカがみちを横ぎる。杉の巨木がめだつようになると標高も９００ｍをすぎたのだろうか。ここでは車道ちかくで紀元杉、川上杉などの樹齢数千年の屋久杉がみられる。なかには笹川杉（れいの「おとしよりはだいじにしよう」の）などというフザケタものもあり唖然とする。

淀川小屋のさきで清らかな白沙の荒川上流を渉《わた》る。その水晶のように澄みわたった水の透明感はおどろくばかりだ。ここより杣道《そまみち》はかなりのあいだ平坦である。しかし屋久杉が風雨に叩かれねじくれた様相を呈しだすと、径もいよいよ勾配を増す。それもまもなくで、とつぜん、山上の楽園「花之江河」にとびだす。尾瀬ヶ原とどうようの高層湿原である。モウセンゴケやカヤツリグサ科の植物が繁茂するなかを清冽な泉が数条音もなく流れ、湿原の周囲とそれをとりまく山肌には点点と丈低きヤクシマシャクナゲが群落をつくる。花時のみごとさは如何ばかりであろうか。それらを南海の台風と高山の風雪で痛めつけられて盆栽のようになった屋久杉がまた囲繞《いにょう》する。

草木はいよいよ低くなり稜線にとびだす。いちだんと丈のひくいヤクザサをふみしだくように天高く朗らかな稜線を行く。期待といくぶんかの心配をしていた尾根上の雪はなかった。まだ肌寒くはあったが、よく遠目のきく清清しい山上の径である。

屋久島の高山は奇妙なことにそのおもな頂にすべて花崗岩の巨石を置いている。まるでイースター島の巨石文化をみているようだ。それは不思議な光景だった。まずめにつくのは高盤岳の巨岩。それから順に黒味岳、投石岳、安房岳、翁岳、栗生岳とモンスターの列をつぎつぎにトラバースしてゆく。みな2000mちかい高峰である。南から向かうこのコースは幾つもの峰を越していかねばならない。しかし越すとはいっても、じっさいには登山道はそれらの山の腹を横切るようにつけられているからきついことはない。はんたいに北東からちょくせつ宮之浦岳にのぼる小杉谷コースはおおきな山こそ越えないが、峪をゆく安房林道の歩きがやけにながい。途中泊をひつようとするこのコース上には、ゆうめいな縄文杉はじめおおくの古代杉が散在する。

まだかまだかと峰越しをつづけて、ようようどん尻に控えし最高峰宮之浦岳のいただきを踏む。お附きあいくださり、案内して下さった市囿さんとただ握手。そしてきょういちにち天気に恵まれたことをただ感謝。あとはいっきに駆けくだるだけだ。

下界では工場の顔なじみになった若い社員さんふたりが宴を設けて待っていてくださるはずだ。朝からのやまのぼりで快くつかれたからだに、島酎がこれまたこころよく染みわたることだろう。そして南の海の豊饒たちを囲んで宴はてず、したたかに酔ったからだを夜更けの海風が吹きぬけていくだろう。

屋久島宮之浦岳山頂にて市圓清次氏（左）と

その二八　鹿児島・太古屋久の島の巻（2）

（平成四年四月二日〜五日）

屋久島、この南海のめぐみ豊かな島に埋もれるように、ひっそりと酒造りをつづけるちいさな焼酎蔵のことをかくにあたって、どうしてもこの島の自然にふれずにはいられなかった前回をおゆるしいただきたい。おなじみ「風土と人」ではないが、芋焼酎「太古屋久の島」と屋久の自然は切ってもきれない不可分のかんけいにある、ということをこれからおはなししてみたいとおもう。

やはりひと月三十五日雨が降るというこの島のじじつをまのあたりにするかのように、その日は朝から烈しい雨が叩きつけるようにふっていた。徒歩で往復八時間はかかるという縄文杉（樹齢については様ざまな説があり、最高7200年という説もある）にこころをのこしながら、ほんじつはゆっくり工場見学に費すことにする。

しかし工場というにはあまりにちいさなこの焼酎蔵は、見学そのものにはいかほどの時間もかからない。だからゆっくりとはいってもいちにちのたいはんは市圃《いちぞの》工場長とおはなしをすることに費やした。なぜといって醸造蒸溜場は入口からぐるっと見渡して視界に入る、ただそれだけですべてなのだから。しかもその酒造りにつかわれる設備諸道具も必要最小限。じつにシンプル。しっかりと手造り、というよりそうせざるをえない規模なのである。

そう、このミニ工場で働いているひとを数えてみれば、市圃工場長に営業の若いひとふたり、杜氏さんに助手ひとり、芋切りの女性三人がそのすべてだ。両の手にも満たない。仕込み石数も25度換算で約四百石というその家内工業的性格がしれようというもの。まことに愛すべきお蔵である。これをしも南九州の誇る大本坊の道楽かといえば、しかしまじめな市囿さんには叱られようけれど……。

ここでかんたんに焼酎の仕込みについておさらいしてみよう。ふくざつな清酒造りについてはごぞんじのかたも、いがいともうひとつの国酒である焼酎の造りについては、精確な知識に欠けているひともおられようから。ここでは紙数のかんけいもあり、はなしを本格焼酎（乙類）の醪《もろみどり》取焼酎に限らせていただく。なおこのほかに粕取焼酎、粕醪取焼酎、清酒取焼酎の各製法の別がある。

その醪取焼酎にも原料の違いで米、麦、黒糖、芋、蕎麦（このほか稗、粟などの雑穀もつかわれる）などの種類があるのは先刻ご案内のとおりである。

これらすべての醪取焼酎に共通なのは、蒸米と種麹《たねこうじ》とでまず米麹を造り（八丈島など伊豆諸島の島酎はふつうは麦麹を使用）、それに酵母と仕込み水を加えて清酒製造でいう酒母（酛《もと》）〔※45〕にあたる「一次醪」をさいしょに造ることであろう。

米焼酎の一種である沖縄の泡盛はこの一次醪をすぐに蒸溜に掛けてしまうが、あとほかののこりの種類では、つぎに蒸したり溶かしたり（黒糖）した二次原料（主原料）を先の一次醪と合せて「二次醪」を造り、これを蒸溜釜に掛け蒸溜すると、これでそれぞれ主原料の名の附いた焼酎になるというワケである。

つけくわえるならこの焼酎造りにつかう種麹は清酒造りにつかう黄麹菌とはちがい、黒麹菌（泡盛）

太古屋久の島　市囿清次工場長と蒸溜機
生成した蒸溜アルコールに浮秤を浮かし
アルコール度数を計る。

とその変異株である白麹菌（本土の大部分）ということも忘れてはならない。酸の生成のひくい黄麹菌は清酒醸造には適していても、蒸溜してなお風味に富む焼酎にはクエン酸生成能のたかい黒麹菌がむくのだ。また高酸度の醪は腐造しやすい南国の風土に適した醸造法であることはいうまでもない。

さてそれではこのような予備知識をもって、じっさいに本坊酒造屋久島工場のイモ焼酎造りを追ってみることにしよう。

この屋久島工場では「太古屋久の島」「屋久杉」（上記の36度原酒）「南海黒潮」の三銘柄を製造している。そのそれぞれは市囿工場長のおはなしでは造りにちがいはないようだが（この規模ではそうならざるをえまい）、加水して25度にした製品どうしを較べると、屋久島銘のほうはやわらかなスムーズさがあり、かたや黒潮銘はわずかにアルコールがきつくかんじた。しかしこれはたんに調熟時間のちがいに依るだけなのかもしれない。

ここの仕込みは毎年九月初旬からはじまり年内いっぱいにはおわる。甘藷の収穫にあわせているのだろう。その時期になると杜氏さんは笠沙（鹿児島県川辺郡笠沙町黒瀬）からやってくる。笠沙のカササ杜氏は同県日置郡金峰町阿多のアタ杜氏とともに焼酎杜氏の二大双璧をなす。
　その杜氏さんたち蔵人によって仕込まれるこの蔵の一次醪の米はいちにち２００kg、甘藷は１０００kg。これを仕込み期間ちゅうをとおして七〇仕込みおこなう。それで約７００００ℓの醪となる。仕込場には４８０～５４０ℓの甕《かめ》が52本、頸《くび》まで埋められて並んでおり、その甕で二次醪の仕込みがなされるというわけである。
　この２００kgの米は木製の甑《こしき》で蒸され、工場の床で放冷ののち、種麹の種附け、種揉み（床揉み）をおこない、それから麹室《こうじむろ》に引き込まれ室《むろ》の床に盛り込む。つぎにその床麹を一升盛りの室蓋《むろぶた》（麹蓋）に盛り込んで蓋麹《ふたこうじ》とし、仲仕事、仕舞仕事などなんどかの手入れ積み替えをしてからいよいよ出麹《でこうじ》となる。引き込みから出麹まで約四〇時間。この辺の工程は清酒の、ことに手の込んだ吟醸酒造りとちがわない。いや、ちがわないというのは正鵠を射てはいない。市囿さんによれば三度ほどに分けて仕込む清酒（ごぞんじ「段仕込み」）とちがい、焼酎では仕込み（麹の投入）が一回なだけに調節がきかず、そのぶん麹造りは清酒よりたいへんなのではないかと。さもありなんである
　屋久島でおもにつかわれる原料甘藷の品種を「白豊《しろゆたか》」という。デンプン含有量が穀類の３分の

太古屋久の島のカメツボ仕込み
蛇管に冷水を通し醪の品温を下げる。

カメツボ仕込みと市圃清次工場長

1ほどしかない甘藷は、そのデンプン量、糖度により焼酎むきの品種に差があるのはたしかだ。焼酎「屋久の島」がほんのりとやさしい甘みと芋の香りをもつのは、ひとつには島の豊富な湧水が軟水のせいもあろうが、ひと月三十五日雨の降るこの島の日照時間が白豊という芋に適しているとはいえ、やはり雨のすくない鹿児島本土の芋、たとえば「黄金千貫《こがねせんがん》」などに較べて熟しぐあいに差のでるのもとうぜんといえよう。

九州以外に生活する焼酎文化圏外のものにとってはとてもここちよいこの「太古屋久の島」の飲み口も、もっと硬いはっきりとした風味の芋焼酎を飲み慣れた鹿児島本土のひとにとっては、あるいはすこしやさしすぎるものがあるかもしれない。

さてこの芋を熟練した専門の女性三人で手入れする。原料芋の両端には芋ヤニ（油分）がおおい。これは貯蔵ちゅうに酸化されて油臭となる原因なので、腐れ部分（腐れ臭の原因となる）とともに入念に切り取らなければならない。

この手入れのおわった芋を蒸して冷やしてから粉砕し酛《もと》（一次醪）に混ぜて前記した甕壺《かめつぼ》のなかで醗酵させる。これが二次醪である。

一次に六日、二次に九日。品温を28℃に保つと約14度のアルコールが生成される。醗酵熱で上った品温を適温に下げるには清酒の火入れにつかう蛇管《じゃかん》様のパイプ（つかいかたは逆だが）を醗酵甕に入れ冷水を通すことによって目的を達する。

いよいよその醪を蒸溜する段取りとなる。蒸溜機はむろんむかしながらの伝統的な単式常圧釜〔※30〕である。本体は鉄製だが立ち上がりの頸の部分だけは銅製である。この立ち上がりの銅がたいへん重要な意味をもつと工場長はいう。このお蔵の造り酒がやさしさのなかにも芋焼酎らしさをしっかりともつ理由《わけ》は常圧蒸溜〔※25〕なればこその風味であろう。

垂れ始め（初溜）は72度ほどの高アルコール分も末垂れ（後溜）に至ると5〜9度に落ちてしまう。造るものの裁量によってこの末垂れをいかに捨て、また残すかが焼酎のもちあぢを決める。たいせつな判断である。

そして初溜から後溜までで平均してアルコール度数36度ほどの原酒となる。この原酒を6000ℓの7本ある貯蔵タンクの殿《しんがり》に移す。製品にする分ははんたいに7本の先頭のタンクから抜かれる。製品にして減った分の酒は順次となりのタンクから移されることになる。それはシェリー酒の熟成法であるソレラシステムにも似ており、また泡盛の古酒（クース）の「しつぎ」とよばれる保存法にもにる。

この原酒を規定のアルコール度数に落とすのに、お蔵では裏山から引いてきただけの島の天然水をそのママつかう（むろん細菌の有無は検査済みである）。湧水の豊富な屋久島は名水の島である。この良質でやわらかな軟水によって仕込まれ、また割り水された焼酎「太古屋久の島」が劃然たる個性を発揮するのも、あの宮之浦岳登山のおり、荒川最上流のクリスタルのごとき流水をみてきたものには宜《むべ》なるかなとなっとくされよう。

山から降りてきた日、やはり予想どおり蔵の若人ふたりは宴をもうけて待っていてくれた。雨で降りこめられて身動きのとれない日も工場長は誘ってくれた。滞在ちゅう、毎夜のこと島酎で暮れ、そして更けた。そのたびに安房川《あんぼう》の河口にある宿の窓をおおきく開けて、ここちよく火照ったおのが頬を夜更けの海風のなぶるにまかせた。よき人、そしてよき天然であった……。

その二九　焼酎の旅／熊本・球磨《くま》の泉の巻

（平成九年十一月二十五日）

総勢九人という人数がおおいのかまたすくないのか、こんかいの旅はいつものひとり旅とその出だしから様子が異なっていた。そんな旅の道連れが九州、大阪、東京から鹿児島空港に集合したのが十一月二十五日の朝のことだった。

蔵元さん、杜氏さん運転のお蔵からの出迎えの車にそれぞれ乗りこんで鹿児島、宮崎、熊本の三国境の集まる低い尾根を越え、人吉盆地は球磨川の畔をお蔵のある多良木にむけて、あいにくの空模様のなか、多忙の日びからの僅かなる開放がそうさせるのか、そんな天気は翌日のことと、車中では旅人たちのあかるい会話が弾んでいた。そう、明日は次なる焼酎を求めて空路屋久島へ飛ぶ予定になっているのだ。（そういえば空港のアナウンスで風雨つよきため屋久島便の欠航が報じられていた。あすはどうなる⁇：）

まずさいしょに登場して、しかしすぐに恥ずかしげに身を隠してしまったオバアチャンをいれても、蔵元の那須富雄社長、奥さん、杜氏さんのなんと四人で仕込みをする。なんとも小蔵のわが「球磨の泉」であった。さしずめむかしでいう「御神酒《おみき》酒屋」か。こんなちいさな造り酒屋が、人吉のまちを中心に球磨川沿いに点点とある二九軒ほどの焼酎蔵にはおおいのであろう。（そんな蔵ではオバア

球磨の泉　那須富雄蔵元

チャンにもだいじな役割があてられているのだ）

さいしょに云ってしまうが、この家族的な酒造りこそが「球磨の泉」の酒（焼酎）を理解するうえでの最大にして唯一のキイワードなのだ。

むろん特徴的な甕《かめ》仕込みはじめ、いくつものコトはある。しかしこのマコトさえわかってしまえば、さもさもらしい云わずもがなの物語はいらない。遠慮がちのお蔵のかたたちをむりに煩わさずとも、むしろその物語は我我がそれぞれにつくるべきものではなかろうか。それでこそ球磨焼酎二九軒ちゅう僅かに二軒をのこすのみになってしまった、むかしながらの伝統の米焼酎の味香を生みだす常圧蒸溜（これもコトのひとつだが）を墨守する、那須蔵元の心意気が理解できようというものだ。

ちょうど当日は地元テレビ局の取材があった。というより控えめな蔵元さんはさいしょ取材をお断りしたのだが、われわれの到着と重なったことがあって承諾なさったというワケだ。おかげでわがメンバーがふたり、急遽出演するはめとなったのはご愛嬌であった。そのために到着時すでに済ませていたのだが、テレビカメラのまえでひととおりの蔵見学をふたたびやりなおすことにもなってしまった。しかし慣れない素人にとってヤラセの演技はどうみてもギコチなくウソくさい。

さてそんなシロウト芸もほどなくおわってから、のちに夜の宴もあるからと奥様が遠慮がちにおずおずとだしてくださったのが、その色も鮮やかな、大皿に山盛りの熊本名物「馬刺し」であった。そしてこれが本日の圧巻となった。

「ガラ」という郷土酒器にお燗（断じて定石のお湯割りでなく！）されて登場した「球磨の泉・二五度」が獣肉にしてはあっさりしているが、なんと滋味あふれる新鮮な馬刺しの好伴侶となったことだろう。テレビカメラがまだ廻っているにもかかわらず（まだ了《おわ》っていなかった?!）、燗酒をおかわりし、馬刺しのさいごの一片を奪い合う、いやしくもおいしい至福の一刻であった。

球磨の泉のカメツボ仕込み

じじつ夜のホテルのおしきせの宴会料理では、酒（これはふつうのお湯割り）がはいっているのでそれなりに盛りあがりはしたが、その勢いをかりて盛りあがりついでに、これから車を飛ばして多良木に帰り、ふたたび奥方を煩わせて馬刺しを食おうとなってしまった。（けっきょく実行はされなかったので、宴を伴にしてくださった那須社長もホッと胸を撫でおろしたことだろう）

ちなみにこの「ガラ」という熊本球磨焼酎とともにある酒器は、白磁のほっそりとした鶴首の上品なやきもので、けしてガラという語感からくるガラのわるいものではありませぬ。

そしてこれとセットになっている、まるで雛壇に飾るようなごく小振りのかわいい盃で、差しつさされつ酌みかわす球磨焼酎はなんともいえずオツなもの。この盃が異様なまでにちいさいことも、ちゃんとしたふかい理由《ワケ》がある。しかし意地がわるいようだが、ここではあえてそれはかかない。それをお知りになりたい御仁は多良木の里までゆき、蔵元のすてきな奥様と酌み交わすべし。さすればおのずとワケが判りましょう。

番外編その一　蕎麦と清酒とフランス人

（平成九年十一月九日）

埼玉県の秩父に名店「こいけ」がある。いわずとしれた小池重雄さんの店である。

その「こいけ」にむかうべく、フランス在住でワイン貿易に携わる伊藤輿志男さんとその仕事仲間でこれも来日ちゅうのリオネル・ラフィット氏（ネゴシアン・ジェルマン社輸出担当）との三人で、いよいよ新蕎麦のこの時期、満を持して池袋を発った。

しかし店は紅葉の盛りと日曜日がかさなっての大混雑、そしてあいにくの急用とて主人公の小池さんが留守という。しかもかれ自慢の茨城は金砂郷《かなさごう》産の新蕎麦は二週間はやい。とどめは今秋の小雨と乾燥で小池さんみずから近郷の山で採取する、たのしみにしていたキノコも期待薄。ことここに至って進退きわまってしまった。

しかし案ずるよりなんとやら。秩父で知りあいの酒販店店主朝川さんに案内していただいた、秩父札所繞り第四番金昌寺で時間をすごして帰ってみると、なんといつものわが特等席「囲炉裏前」が三人分、奇跡のように空いていたではないか！

「そばやに酒はあるがウドンやにはない」と云われるように、ソバとサケは出会いモノであり、ワケ知りのひとたちはその蕎麦と酒を「蕎麦前」「中割り」「箸洗い」と飲み分けてきたという。これは云ってみればオードブル・メインディッシュ・アフターコースそれぞれに合わすべき酒にアペリ

秋の幸ヤマドリタケモドキ

ティフ・メインワイン・ディジェスティフがあるように、蕎麦と伴にたしなむ酒にも三通りのたのしみがあるということである。そしてじじつ当日のこいけの蕎麦にも、このような順序でそれぞれの蕎麦料理に添える酒がつぎつぎと登場したのだった。

さいしょの前菜には吟醸酒三種。これがいわゆる「蕎麦前」である。まず田舎蕎麦を軽い油でからりと揚げ海塩をまぶしたものには「四季桜吟醸・かもしたて」を添えてみる。華やかな吟香とひかくてき酸のすくない四季桜の吟醸酒ではあるが、かるい風味のそばカリントーにはよき出会いである。むろん吟醸初体験のリオ（ラフィット氏）がオッと目を剥《む》く。ちなみにリオはしばらく住んだことのある台湾での経験で、東洋の醸造酒にはこりごりしている由。しかしリオ、赤と白の酒（ワイン）しか知らないキミにはまだわからんだろうが、墨色の豊かな階調をもつ日本の酒はちがうのだよ。

ここで本日はないはずになっている茸登場。このキノコ二種には秋田の酒「春霞・大吟醸」である。云いわすれたがこれらの料理と酒の組合わせは、むろん店主の小池さんにおまかせしてあるのはもうすまでもない。

さいしょの「チチアワタケ」には秋の森の落ち葉の香りがした。そしてつぎの「ブナハリタケ」はある種の羊乳チーズの風味を抱いていた。リオは評して、前者にはオーク樽のにおいを感じ、後者にはロワールの白ワイン、ソーヴィニョン・ブランのフレーバーをみたという。ここで吟醸にしては酸のしっかりした春霞が絶妙に生きた。

前菜さいごは炙《あぶ》った蕎麦米も芳ばしい蕎麦味噌にとっておきの吟醸「四季桜吟醸・花宝」。リオがうなった。この酒のふかみと熟成味（マチュアード）がすごいという。さすがにワインのプロ。たいしたもんだ、リオ！

そして佳境にはいってメインディッシュに「中割り」の酒。はじめにそば粉１００％の「そばがき」がでる。しかしこいけさんのソバガキはそんじょそこらの「掻きっぱなし」（これはこれでその鄙びた風情は捨てがたいが）とはちがい、うすい衣をつけて揚げ、これを自然海塩でいただくという趣向。これには日本海の朔風に鍛えられたその複雑で味わいぶかい味香と繊細な酸がうれしい、雀と稲穂の「豊の秋・純米」がなによりだった。

おまたせのうちにいよいよ真打ちの登場。翠《みどり》のいろも麗しい「秋新《あきしん》」（本日は北海道産の新蕎麦粉のみで打った小池名人の生粉《きこう》打ちの蕎麦切りである。その秋新らしい勁《つよ》い香りとふかい風味を生かした手打ちはさすがであった。むろんこんな秋新にはもうこれしかないという「木戸泉・純米醍醐《だいご》」。その醇味と酸のキレがみごとである。

ことここに至ればリオはことばもなくただ蕎麦をすすり盃を口もとにはこぶばかり。かれは若いが箸を器用につかう国際人である。慣れない異国の食物や清酒への馴染みもおどろくほどはやい、ちなみに、あまり知られていないがフランスでもブルターニュの辺境にはサラザンの名でソバはある。これが郷土料理としてのクレープ（ガレット）の発祥である。

秋の陽は釣瓶《つるべ》落としだ。こいけさんの奥さんごじまんの「はやと瓜」の漬物を相方にして、さいごの「箸洗い」、「純米醍醐」の燗酒を飲みつづけて、いっこうに腰の立たない卑《いや》しい三人組であった……。

香りたかき秋新の生粉打ち蕎麦

小池さんご夫妻と著者

番外編その二　「風土と人」について

「食文化」というもの、やはりこれも土地柄なのだ。ここでも「風土と人」の「風土」が生きてくる。食（むろん飲もふくめて）は風土なのである。むろん云うまでもなく、ここでは「風土」というものの範疇に「気候風土」（自然）のみならず「文化風土」「土地柄」をまで含めた。ここでなにげなく「食文化」ということばをつかったが、「食」にはこのように人類の生理的（自然的）側面と文化的側面の両方の領域がかさなりあっている。

その気候風土がそこに棲むひとの体質・気質・生理を生むのか。それとも文化（風土）がそこに棲むひとの体質・気質・生理を生むというのか。自然と文化とでより基礎的なのはどちらなのだろうか。

いっぽんには風土がひとを生み育てるという、前者のかんがえかたである「自然が文化を決定する」、そうおもわれているのがふつうだろう。しかしこの論に対蹠的なかんがえかたもあることをここで指摘してみたいのだ。土地柄とはふつうその土地の風習（風俗・習慣）をいうが（風習は文化の萌芽であろう）、その固有の風習（ここでは食事の風習、あるいは食文化）がそこに棲むひとの生理をつくるというのである。

素材としての食物（作物）はいうまでもなく土地の産物、土のお化けである。だったら「自然が文化を決定する」ことになるのではないか、とひとは云うだろう。それは人間の生理的、自然的、生物学的側面をもんだいにしている。しかしその土のお化けをその土地固有の食（食事）に育てたものがその土地の文化であり、それがここで食文化ということの謂なのだ。もともと熱帯産の植物である稲（オリザ・サチバ）を瑞穂の国の主食（主食、なんという日本的な食文化だろう）として取りいればかりでなく、北海道にまで適応できるように改良した日本人の文化！このもんだい、「文化が自然を決定した」ことにふれたものに、国立民族学博物館館長、梅棹忠夫氏の『日本人と米の飯』（１９６８年）がある。

その『日本人と米の飯』から引用してみるとこうなる。

「……しかし、こういう説明をどこまで信用してよいか。日本の気候が日本人の生理的欲求のありかたを決定し、日本人の生理が和食を要求する。そんな説明が、ほんとに成立するものであろうか。話はまったく逆かもしれない。文化としての食事の内容は、まったく別のこと、つまり文化的・社会的環境によって決定されるのであって、むしろそういう食事文化のなかで成長することによって、生理作用のほうが和食むきにできあがってしまったのだ、というかんがえ方も、じゅうぶん成立しうるのである。もしそうだとすれば、文化が自然を決定したのである。」

蛇足ながら、ここで氏の云う社会的環境とは戦争や国の政策などが挙げられよう。たとえば江戸時代のわが国において、年貢に米を供出せねばならなかった農民は否応なくほかの穀物に頼らざるをえなかった、など。

結論を急ごう。このもんだいを食養流に解釈づければ、肉体的、自然的由来の生理も、精神的由来の文化もともに食に依っていかようにも変化しまた変化させせられるのだ。その食が気候風土のもたらすものであろうと、文化的なものであろうと。たとえ政策的に強制されたモノであろうとも。しかも文化的なもの、政策的に強要されたものにせよ、その産物も人間も自然風土の要求する制約を超えては存立できようはずのないことは自明であろう。梅棹氏の云う「生理作用のほうが和食むきにできあがってしまった」ところの「生理作用」とは、生物としての人類よりずっといぜんの太古より連綿として享け継がれた細胞の記憶に依る生理作用の、そのまた一分化であるところの、たんなる「嗜好」のもんだいを指すにすぎないのかもしれないのだ。

むろんこの「鶏が先か卵がさきか」のもんだいは、人間にとって「正しい食」とはなにかという本質論を論ずることとまったく視点がちがうものであるのは云うまでもない。それを論ずるには「ひと（身）とオシモノ（食物、すなわちそれを生む土地）は二つならず」という「身土不二」のかんがえかたに俟たねばならない。

番外編その三　墨色の階調をもつ酒

わが日本酒は古来より、酒を飲むばあいの日本酒とくゆうの情況というものがあった。むかしから様ざまな階層のひとびとが、様ざまなばあいに、様ざまな機会をとらえて、様ざまなお膳立てで酒を飲み継いできた。

しかしあえて云えば、わが日本酒はこんにちまで、どんな情況においてもいつも脇役としてあった。よきバイプレイヤーとなりえることはあっても、酒そのものが主役になることはなかったろう。農民が苦い念いで呑む酒も、お大尽が美妓を侍らせて飲む酒も、それがいかにかれの人生を慰め、あるいは豊かなものにしてくれようとも、サケは酒として語られることはなかった。ついさいきんまでいちぶの専門家あるいは篤志家をのぞいて、それは論じたり研究したりする対象ではなかったし、趣味として語ったり鑑賞したりするという習慣はなかったのだ。

これはいまでも地方へ酒の旅をしてみればよくわかる。ここで飲まれる酒は糖入りであるか否かをとわず圧倒的に普通酒の世界である。酒そのものを語りながら飲むというパターンはいまだ都会のもので、たいていの地元にはこんにちもなお酒は脇役としての座しか用意されていないのだ。むろん地方によって差のあることはいうまでもないが、やはり晩酌市場は根づよくのこっているようだ。

そんな文化的背景はあるにしても、ここにきて吟醸酒というものの出現を端緒に、いささか情況が異なってきた。様ざまな地方の様ざまな地酒のバラエティを鑑賞しながら飲むというたのしみを知りはじめたのだ。

しかし云うまでもなかろうが、吟醸酒の出現と様ざまな地酒のもつバラエティとはちょくせつの関係はなにもない。それどころか吟醸酒のもってうまれた性格とバラエティに富む（富んで欲しい）地酒のありようは乖離《かいり》しているとさえ云える。ここであらためて滝野川鑑評会とその結果としての金賞蔵重視がもたらす功罪をひきあいにだすまでもないだろう。

ワインにはまず、バラエティ豊かな葡萄樹の品種があった。そしてその植えられるべき土壌・緯度・気候・地形そのほかが、すべてワインの味香の多様性にきわめておおきく関係している。ここでたいせつなことは、それらの各要素がバラバラにではなく、おたがいに密接に結びついているということだ。

対して日本酒はどうだろう。米の品種といったところで、誤解を恐れずにあえて云えば、たとえば山田錦と亀の尾とでそもそもどれほどの味香のちがいを生むというのか。食べてみたところで（むろんブドウほどには）その食味のちがいは感じられない。

ワインにとっては葡萄果実の出来不出来がその味香の九割を決めると云われているが、日本酒には米の品種などよりも、その味香を左右するほかの要素がおおくある。しかもそのたいはんはワインとはほんたいに原料ではなく、「造り」に関係した要素なのだ。そして米などの原料はひつようとあらば良質な、あるいは望むモノを産地から運んでしまえばそれですむ。コメはブドウとちがい遠距離運搬にもんだいはない。

いぜん、越乃寒梅の石本省吾蔵元がどうようのコトを語られたのを憶いだす。かれはつづけてこうも云ったものだ。水や米のはなしは素人にも判りやすいからね、と。むろんこれは、仕込み水のちがいを無視したり、あるいは地元米で苦心して良酒を醸《かも》すおおくの蔵を過小評価することにはあたらない。

それよりも、ワインとおなじく日本酒の味香に変化をもたせるものとして、その蔵の依ってたつ風土（気候風土と文化風土の双方を含む）が挙げられよう。それはミクロクリマ（微気候）のもんだいだけではなしに、その風土に根ざした土地柄、そしてその土地柄の要求する酒の性格までをも指すということである。

また、それとおなじほどのだいじは、云いふるされたことだが酒蔵の蔵元（オーナー）の志や杜氏の力量だとかんがえる。造る側にも飲むがわにも酒にたいする念いがあってこそ銘酒は育つ。ただ造る側にはより明確な己が酒への信念、そして具体的なコンセプトとイメージが要求されるというだけだ。云うまでもなく、これが本書にたびたび登場する「風土と人」である。

わが日本酒はワインからみれば味香のハバのせまい酒であるのは言を俟たない（むろんだから格が下だと短絡せぬコト）。それは原料から由来するもの、葡萄と米のちがいでもあるとおもうが、より本質的にはそれは文化のちがいと云ってもよかろう。

沙漠由来の宗教（キリスト教・マホメット教）をもつ西洋人はものごとの白か黒かを峻別する。それはひじょうに烈しいものがある。適応の隙間に入りこんでこんにちまで生き延びてくるにはそうせざるをえなかった。（蛇足ながら、かれらの肉食も農耕の不可能な北国や沙漠に棲み分けるための止むなきものであったろう！）

かたや湿った温かなモンスーン地帯のおおい東洋では峻別よりも融合、分別よりも綜合のかんがえかたが発達した。

このことはひとつ我彼の学問のちがいをみても理解できよう。西洋のサイエンスはどこまでも事物を分別対置し細分化してゆく。対して東洋の学はあくまでも事物を全体としてみる。陰と陽の融合で宇宙を説明する。サイエンスから発達した西洋医学と陰陽を根柢におく東洋医学のちがいをみればこれいじょう説明の要はあるまい。

そんなおのおの風土から生まれた酒も、その性格はまことにみごとと云ってよいほど、その依ってたつ風土のちがいを反映している。ワインは、偉大なとよばれるワインになればなるほど、己が個性をめいかくに主張するという拡散の方向をとるのに対し、わが日本のお酒は個性の主張よりも収斂凝縮の方向をめざすであろう。しかしほんらいはそれぞれの物や人の特徴をいうはずのこの「個性」の意味すら、いつのまにかわが国でも、他を峻別する、「ひととはちがう」という「自我」(Ich《イッヒ》)を主張する西洋流の個性にすりかわってしまった。

この白と黒を峻別する国の酒（ワイン）に、赤と白という明確な色のちがい（これはまたなんという象徴的なじじつであろうか！）があるのとは対蹠的に、日本酒はその白と黒とのあいだに存在する灰色（墨色）の豊かな階調をこそだいじにしてきた民族の酒といえようか。このグレーのトーンのもつ無数の微妙なちがいを理解し表現することこそ、わが国どくとくのもののかんがえかたの根柢がある。そしてこの微妙なニュアンスを西洋人のセンスに訴えるのははなはだ難しいことであるだろう。

水墨画の世界（やまのぼりをするものは現実にこの墨絵の世界が存在することをよく知っている）よりも浮世絵・錦絵がゴングール兄弟やゴッホやゴーギャンらに強烈な影響を与えたじつこそ、この間の消息を雄弁にものがたっていよう。蕎麦粉と水だけの作品である「蕎麦切り」のかそけき味のニュアンスのちがいは、もっとも西洋人にとって理解しにくいモノのひとつだろうとおもわれる。

さいごにこの道の先達で『酒道』という本の著者、元国税局鑑定官芝田喜三代氏から引いて了《おわ》ろうとおもう。

「さればただ一心不乱に飲みたもうべし。酒にはなんの理屈もあるべからず。一切の転倒夢想を遠《おん》離《り》して盃を己が手にするこそ酒には忠義なれ。微醺《びくん》やよし、斗酒また悪しからじ。唯酒の徳にいわんすべ、せんすべ極まりたればこそなり。さはあれ酒知らぬ人ほど我が儘なるはなし。酒を吟味するもの多けれど、なべて銘柄のみ選みて酒味を解せざるもの多し。さるにても「薄々の酒も茶湯に勝れり」といいし先覚蘇東坡《そとうば》の言やよし。酒を愛する人々よ、唯心まどかに飲み給えや。命あるうち。」

附録1　「熟成」について

酒類における熟成とは時間の経過とともに酒質・成分が変化していく状態をいいますが、一般にはその変化も酒のもつ色や味香が改善・調和していく良好な方向を指します。この酒類の熟成（エイジング・調熟ともいう）には大別して化学的変化と物理的変化があり、この両者が相共に関係しつつ熟成がすすむものとかんがえられています。

いかに清酒におけるこの化学的、物理的変化のポイントを記してみましょう。

清酒の唎《き》き酒の着眼点として「色調」「香り」「味」の三点が挙げられます。このそれぞれの化学的変化には「重合」（化合）によるもの、「分解」によるもの、「酸化」によるもの、その他がかんがえられます。そしてその化学的変化のすべてにもっともつよくかかわってくる物質がアミノ酸とその結合したペプチドである全窒量（窒素総量）なのです。

まず色の化学的変化としては、清酒中の糖とアミノ酸の重合・化合による所謂「メラノイジン反応」（アミノ・カルボニル反応）がその最重要のひとつに挙げられます。この反応によって着色物質であるメラノイジンが生成され、清酒は漸次色調の濃色化が進行していきます。具体的には淡い黄色から所謂ヤマブキ色、つぎに赤みを帯びたコハク色そして最終的に濃赤褐色（茜色）、照りのよい醤油色にまで変化していくのです。

二番めの香りの化学的変化の主役ともなるのが、アミノ酸の一種であるスレオニンと酒中の有機酸との化合によるソトロン（フラノン類）という物質の生成です。これが熟成酒特有の黒糖様あるいは糖蜜様の甘い香りや老酒様の焦げっぽい匂いのモトとなっております。またこれもフラノン類であるフルフラールも焦げ臭の一因となってきます。

このほかイオウを含んだアミノ酸からメルカプタン（硫黄含有物質）が生成されたり、エチルアルコール（酒の主成分であるアルコール）から変化（酸化）した酢酸などによる酸臭、あるいはその途中生成物質としてのアセトアルデヒドによる木香様臭など、香りの変化にはおおくの要因が複雑に関係しています。

第三番めの熟成酒の味の化学的変化には、酸味、甘味、苦味に分けてかんがえるのがよろしいでしょう。一般に熟成酒においては年数を経るにつれ、これらの三味のボリュームは増していく傾向にあります。とくに窒素総量のおおい第二タイプの熟成酒（その項参照）に顕著にあらわれます。

まず酸味についていえば、その増加は香りの項でものべたエタノール（エチルアルコール）の酸化によるアセトアルデヒドから酢酸への変化を主軸として、グルタミン酸の酸味物質への変化などが進行します。

またコハク酸やリンゴ酸など清酒中の含有有機酸の主体を形成する酸と主成分エタノールとの反応によってエステル化が進み、酸味が柔らかなものへと変化していくのです。

つぎに甘味の化学的変化にはこれも香りでのべたスレオニンと酸の化合により生成されたフラノンやソトロンが、その香りもさることながら、味においても蜂蜜様、バニラ様、カラメル様、黒糖様の甘味を感じさせるはたらきをいたします。

またある種のエステル化も呈味物質として甘味に関係するといわれております。またのちに物理的熟成で詳しくのべる分子会合のもたらす熟成のまろやかさも、口当たりとしての甘味を増すことにおおいに貢献するのです。

三つめの苦味の変化を司るものに、アミノ酸類であるメチオニンの分解によるメチルアデノシンという苦味物質の生成があります。また香りでのべたフルフラール（フラノン）も焦げ臭的な苦味に関係しているようです。

これまでのべた化学的変化は香り、味、色とも変化のファクターの数もおおく、また複雑なモノでしたが、清酒の物理的変化は比較的単純といえましょう。それはひとことでもうせばアルコールと水の分子会合によるクラスターの形成という物理的変化としてとらえられるからです。

すなわち新酒のうちは比較的おおきなアルコール分子とちいさな水分子がそれぞれ分かれて存在しており、このためむきだしのアルコール分子は直接的な刺激を味、香りともに伝えます。これが時間の経過とともに分子のかたまり（クラスター）を形成し、なをかつそれぞれ独立して存在していた両分子が所謂「分子会合」をおこしてひとつのクラスターに変化します。これは水分子のクラスターのすきまにアルコール分子がはいりこむ、というより結果的におおきなアルコール分子をちいさな水分子が取り囲み包みこんだ状態になるワケです。このため直接的なアルコールのつよい刺激がまろやかなやさしいものに変化します。これが科学的にみたすべてのアルコール飲料（清酒のみならず）の物理的熟成というものなのです。

しかし、食養（温冷効果）の世界からみれば、酒に限らずすべて熟成現象は「時間の陽」（陽性化）のひとことで説明されるのです。すなわちその色、味、香りの変化のすべてが、陰性の形状、性質から陽性のそれへと、時間の経過とともにもののみごとに変化していくわけであります。

●熟成酒（長期貯蔵酒）とその四タイプについて

一般に熟成（調熟、エイジング）することによって酒のもつ味香が円く、穏かで快いものに変化し、風味がそれなりの完成を示すようになったものを熟成酒あるいは長期貯蔵酒などとよんでおります。

この熟成酒もその醸造ならびに貯蔵法の違いによって四つのタイプに分かれます。

まずその第一のタイプは高精白米（精米歩合の数値がちいさい米）から造った酒を低温下で貯蔵熟成したもの。このタイプは一般的に吟醸酒におおいことから醗酵も低温長期型になります。貯蔵熟成により味も香りも穏かにまるくなりますが、つぎに述べる第二のタイプほどおおきな変化は期待できません。

色の変化もヤマブキ色（黄色）止まりで、そうおおきなものではありません。貯蔵年数のすくないものは、上記の変化とともに吟香、吟味もよく残り、また年数が経つにつれナッティな香りとやわらかな苦味という熟成味が吟醸味香とよく調和していきます。

第二のタイプは第一と正反対に低精白米（精米歩合の数値がおおきい米）から造った酒を蔵内《くらうち》で常温貯蔵したもの。味香の変化はおおきく年数を経るにつれて色は照りのよい醤油にちかいもの（茜色）まで変化し、香りは熟成香がつよくなり、それはシェリー酒様香、老酒様香、ナッツ香、ハチミツ香など様ざまであり、また各香りの複合した複雑なものになります。味は甘味、苦味、酸味の巾《はば》を増し、まろやかななかにこれもおおきな変化がみられるのです。

第三と第四のタイプはこれら第一、第二タイプの中間型で、第三タイプは高精白米から造った酒を常温貯蔵したものであり、第四タイプは逆に低精白米から造った酒を低温貯蔵したもの。これらふたつのタイプの変化もとうぜん第一と第二の中間型になりますが、そのモトになる酒の酒質によって変化が不規則かつその変化の方向をつかみにくく、その見きわめがむつかしいものです。

このうち第一のタイプを「淡熟型」第二のタイプを「濃熟型」、第三第四のタイプを「中間型」と呼ぶ場合があります。

なお、第一タイプとしては酸の比較的しっかりしたもののほうが長期熟成にむいていましょう。また、第二タイプは酸もとうぜんひつようなのですが、その変化のカギはアミノ酸の量（全窒素量）が握っております。

●老《ひ》ね、老ね香について

「老ね」という酒造専門用語は、酒造の現場においては「老ね麹」「老ね酛《もと》」「老ね分け」「老ね香」「生老ね《なまひね》」（生老ね香）など多様に使用されるのをみます。

「老」という字面からも判るように、上記用語に共通するのは、その結果が有益か有害かを問わず、ひとことでもうせば「時間の効果」でありましょう。そこから、その「老《ひ》なす」と使われる動詞は、時間的変化の積極的意識的介入を云うことになります。それはよきにつけあしきにつけ熟成効果とみなすこともできましょう。

さて、そのうちでもよく耳にする「老《ひ》ね香《か》」は別名「過熟臭」ともよばれ、酸化臭の一種として、ふつうはよいほうの意味には使われていません。一般に老ね易い酒は「老ね麹」を使った、「カス歩合」のすくない、アミノ酸（全窒素量）のおおい酒を、高めの温度で貯蔵した際にできることがおおいとされています。

その「老ね香」を構成する要因は複雑であり、いまだ不明の部分もおおいのですが、いかその主なファクターを挙げてみましょう（「熟成」について参照）。

まず酸化臭としてアルコールの酸化による酢酸の生成に由来する「酸臭《さんしゅう》」、またその中途物質であるアセトアルデヒドのもたらす所謂「木《き》香《が》様臭《ようしゅう》」。つぎは瓶中の透過光線による「瓶香」の一種である「焦げ臭」。フルフラール（フラノン酸）からくる焦げ臭もあります。またイオウを含むアミノ酸の分解で生成されるメルカプタン（イオウ化合物）は玉子の腐敗臭と同様の「硫化水素臭」をつくります。それから糖とアミノ酸の化合によるメラノイジン反応は、色調の濃色化と同時に「カラメル様香」の原因となります。そして老ね香（熟成香）に特有の所謂「老酒様香」「シェリー酒様香」「キャラ香」などをもたらす、アミノ酸の一種スレオニンと酒中の有機酸との化合生成物である「フラノン」「ソトロン」の存在も見逃せません。（この含有量がすくないと「黒糖様香」「蜂蜜様香」「ナッツ様香」になるとされている）。いじょうのような様ざまな生成物質による複合が「老ね香」の正体とかんがえられております。

●熟成香と老《ひ》ね香のちがいについて

一般には貯蔵・熟成する時間の経過とともにでてくる香のうち、快くかんじられる香りを「熟成香」、不快にかんずるほうを「老ね香」とつかいわけてはいるようです。しかし、快、不快のかんじかたはひとによって異なることがおおく、おなじ系統の香りをあるひとは熟成香とよび、あるひとは老ね香と称するという混乱がみられます。

また従来はあまり熟成香という表現はつかわれることがすくなく、老ね香という云いかたですべてを賄ってきたのが実情です。それが長期貯蔵酒の市販化に伴ない熟成香なることばは一般化したわけです。

しかしあきらかに不快臭である「硫化水素臭」「酸臭」「瓶香」（日光臭、ある種のコゲ臭、ひなた臭）の混入する熟成臭は、どうしてもよい意味での「熟成香」とはいいがたいものです。

いっぽうメラノイジン反応由来の「カラメル香」や、フラノン、ソトロンによる「バニラ様香」「蜂蜜様香」「黒糖様香」「老酒様香」「シェリー酒様香」「キャラ様香」（あるいはそこに適度な「木香様臭」や「焦げ臭」が加わったもの）が香りの主体をなす熟成酒のばあいは、やはり「老ね香」というよりも「熟成香」の表現が適当でありましょう。

だが、よい意味での熟成香じたい、一般の清酒の香りからはかなり逸脱したものでありますから、はじめに記したように、この香りそのものを嫌うひとがいることもまた理解できます。そのようなひとにとっては、この「よい意味での熟成香」も「老ね香」ということになってしまうのでしょうね。

附録2　酒造専門用語纂（附　焼酎・ワイン・食養）

〔※1〕**アウスレーゼ**

ドイツワインの格付けのうち最上位クラスである「肩書附上級ワイン」（Q.m.P.）のなかで、その全6種あるうちの中位にあたる「房選り級」のこと。色はきれいな麦ワラ色で、ふつうはかなりの残留糖分がありデザートワインとして供する。

〔※2〕**アモンチヤード**

アモンティリャードともいう。シェリー酒特有の風味をつくる産膜酵母（フロール）がソレラシステム（シェリー造り独特の貯蔵熟成法）にはいるまえに消滅するタイプのシェリー酒。ふかいコハク色をしており、辛口でコクがあり、ヘーゼルナッツのような特有のナッツ香（ナッティ）をもつ。

ちなみにさいごまでフロールの下で熟成するシェリーはフィノ・タイプと云い、フロール由来のアーモンドやアマレットをおもわせる味香をもつ。

〔※3〕**アルマセニスタ**

卓越したオールドシェリーをストックするボデガ（貯蔵庫）をプライベートに所有する一群の人びと。そのかれらアルマセニスタのストックする個性的な味香をもつ少量のシェリー酒をエミリオ・ルスタウ社がノーブレンドで出荷する。これをアルマセニスタ・シェリーとよぶ。

〔※4〕**上立ち香《うわだちか》**（**はな**）

酒に鼻をちかづけたときさいしょに感じられる香りのこと。つぎに酒を口に含んで鼻腔に抜ける香りを「含み香」「引込み香」「口中香《こうちゅうか》」などとよぶ。

〔※5〕押《お》し味

酒を飲み込んだのちのあと味にコク（ゴク味）があってしっかりしたものが感じられる酒を押し味があると云う。ちなみに飲み込んだ味にひっかかるものがなくきれいに消える酒を「キレ」がよい、「さばけ」がよいという。なかでもキレは酸のキレが重要と云える。ただしこの「酸のキレ」のばあいは、その酸のもちあぢがただ消えてしまわずに余韻として残ってほしいものである。

〔※6〕落《お》ち泡

醪《もろみ》の経過にそって表面の泡の状貌《じょうぼう》は「筋泡・水泡・岩泡・高泡・落ち泡・玉泡・地」と変化する。このうち高泡の時期がもっともタンク内の泡は高くなり普通酒においても吟醸酒のような果実香がつよく出る。この高泡のつぎにくるのが落ち泡で酵母数も最高となりアルコール醗酵も盛んである。

〔※7〕オリ酒

清酒醪を圧搾して酒と粕に分離したのち、まだ酒に澱《おり》（沈澱した白色混濁物質。主として未溶解デンプン、不溶性蛋白質、酵母、酵素など）が残っている状態で出荷する酒。そのたいはんは生酒《なまざけ》で出荷する。その酒には特有の風味と粘稠味《ねんちょうみ》がある。

〔※8〕温旨酸系《おんしさんけい》・冷旨酸系《れいしさんけい》

出来酒に含まれる有機酸のうち、読んで字のごとく温めて旨くなる酸を「温旨酸系」の酸（コハク酸・乳酸・グルコン酸など）と云い、はんたいに冷やすことによっておいしくなる酸を「冷旨酸系」の酸（リンゴ酸・酢酸・クエン酸など）とよぶ。㈱ワイン総合研究所の藤原正雄氏・渡辺正澄氏の研究の成果である。『ワインと料理の相性診断』等の文献がある。

〔※9〕温冷効果《おんれいこうか》

食することによって身体が温まったり締ったりする効果をもつ食品を温効果があると云い、はんたいに身体が冷えたり緩んだりする食品を冷効果食品とよぶ。著者造語。

〔※10〕粕《かす》をだす

清酒製造時の正規のカス歩合とは意味合いは異なるが、醪圧搾時に擦り具合を緩くしてカスをおおく出すと生産量はすくなくなるが、きれいな酒が出来やすい。ふつうは特定名称酒（吟醸酒・純米酒・本醸造酒）のほうが普通酒より粕をおおくだす。はんたいに圧搾をつよくしてカスをすくなくだすように圧搾すると、清酒の製造量はおおくなるがくどい味筋になりやすい。

〔※11〕協会酵母《きょうかいこうぼ》

日本醸造協会が製造・頒布する純粋培養酵母。協会七号（真澄酵母）、協会九号（熊本酵母）、協会十号（明利・小川酵母）などがゆうめいである。ほかに各県で選抜分離した長野酵母（アルプス酵母）、秋田酵母（秋田流花酵母）などもある。

〔※12〕金賞蔵《きんしょうぐら》

東京都北区滝野川にあった国税庁醸造試験所で毎年春におこなわれた全国新酒鑑評会で最高位の金賞を受賞した蔵元。なお現在醸造試験所は独立行政法人酒類総合研究所となり広島県東広島市に移転したが鑑評会はここで続けられている。

〔※13〕**減圧蒸溜**《げんあつじょうりゅう》

大気圧よりひくい圧力下で蒸溜をおこなうと沸点もひくくなる。この原理を利用して雑味成分のもととなる高沸点物質を回収されにくくし、風味の軽い淡麗な製品をめざす蒸溜法。

〔※14〕**高温糖化酛**《こうおんとうかもと》

効果的な糖化と雑菌の淘汰を目的に高温（55〜58℃）で仕込む酒母（酛）育成法。ただし酵母を添加する25℃ほどまで急速に冷却するひつようがある。すっきりとした酒ができやすく、くどい酒になりがちな暖地むきとも云われている。酒母（酛）については〔※45〕を参照。

〔※15〕**麹**《こうじ》

酒造の現場では「一麹、二酛（酒母）、三造り（醪）」と各ステージの重要度を云い慣わしてきたが、「酒屋万流」というコトバもあり一概には云いきれない。そのすべてのステージに共通してひつようとなる前段階の米の蒸しこそ一大事と云う杜氏もいるほどだ。

さてその蒸し米に種麹《たねこうじ》（黄麹菌《きこうじきん》）を播いて繁殖させたものを「こうじ」（麹）と云う。この麹菌の産成する二種類のアミラーゼ（α《アルファ》アミラーゼ・澱粉液化酵素とグルコアミラーゼ・澱粉糖化酵素）をつかって蒸し米のデンプン（多糖類）を酵母菌が利用可能な単糖（ブドウ糖）に変換するひつようがあるのだ。これが麹の役割である。

〔※16〕**甑起《こしきお》こし（甑だおし）**

甑とは米を蒸すためにつかう大型の蒸籠桶《せいろうおけ》であり、その年の最初の仕込み開始を「甑起こし」と云う。しかしこれは蒸し米造りの始めではなく最初の酛立て（酒母の仕込み）である「酛始め」を酒造開始時期とするのが通例である。また造りの末期に最后の醪を仕込みおえることを「甑だおし」とよぶ。

〔※17〕**サーマルタンク**

醪温度のコントロールが可能な醸造用タンク。これを酒の貯蔵に用いる蔵もある。

〔※18〕**酸《さん》（有機酸《ゆうきさん》）**

酒中の酸は酒の醇味《じゅんみ》に影響を与える重要な構成要素だが、従来酸敗《さんぱい》（酸度の異常増加〔※21〕参照）のイメージにつながりやすく、また昨今の淡麗酒傾向（吟醸酒など）により酸のおおい酒は嫌われることのほうがおおかったようだ。しかし燗適酒には酸（ことに乳酸）がおおめの酒がよろしいことなどから最近では見なおされる方向にある。清酒中の代表的な有機酸はコハク酸・リンゴ酸・乳酸であり、その割合は酒の種類により変動するが、ほぼ5.5対3対1.5前后であろう。ほかにクエン酸・酢酸などがある。酒中の有機酸の約七割が醪、二割が酒母（酛）、のこり一割が蒸し米と麴に由来すると云われている。

〔※19〕**3トン日仕舞《ひじま》い（仕舞《しま》い・日仕舞《ひじま》い・半仕舞《はんじま》い）**

清酒製造の生産一単位を「仕舞い」と云う。そして毎日一単位の仕込みをおこなう様式を「日仕舞い」、その一単位を隔日に仕込むばあいを「半仕舞い」と云う。ちなみに3トン日仕舞いとは毎日3トン（二十石）の総米で仕込みをおこなうことを云う。ちなみに白米一石は１５０kg。

〔※20〕**酸度《さんど》**

清酒中の各有機酸を分別定量することはめんどうな作業となるため、通常は総酸度として測定する。清酒10㎖を中和するに要する水酸化ナトリウムの滴定㎖数を「酸度」と云う。それは吟醸酒で1.2前後、普通純米・本醸造酒で1.5前後、生酛系（〔※45・47〕参照）で1.7前后の酒がおおい。

〔※21〕**酸敗**《さんぱい》

腐造などにより酸が異常に増加したり、出来酒に火落菌《ひおちきん》（アルコール耐性のつよい特殊な乳酸菌）が繁殖して酸が増加したばあいを「酸敗」と云う。

〔※22〕**酒造好適米**《しゅぞうこうてきまい》

米の中心組織が粗になって乱反射し白色にみえる大粒米を心白《しんぱく》米と云い酒造好適米の重要な条件となる。外硬内軟の理想的な蒸し米造りやそののちの麹造りで「ハゼ込み」（〔※34〕参照）のよい麹をつくりやすい。「山田錦」「雄町」「五百万石」などがよく知られる。

〔※23〕**酒造年度**《しゅぞうねんど》

酒造りは年をまたいでおこなわれるので七月一日から翌年の六月三十一日までを一酒造年度とし、はじめの七月の属する年号を附けてよぶ。BY（Brewery Year）とも云う。

〔※24〕**食養**《しょくよう》

明治初期の軍医である食医・石塚左玄が提唱し、その左玄の薫陶をうけた桜沢如一を中興の祖とするわが国独有の食作法原理。

〔※25〕**常圧蒸溜**《じょうあつじょうりゅう》

水とアルコールの沸点（アルコールの沸点は78.3℃）の差を利用した古来からの蒸溜法。蒸溜する醪の成分や加熱による生成成分のおおくを回収できる。

〔※26〕上槽《じょうそう》

醪を圧搾して酒と酒粕に分離する、いわゆる「しぼり」のこと。槽はフネと読み、現在の機械式自動圧搾機（代表的なものに「ヤブタ式」がある）の以前は、この舟型をした手動圧搾機を使用していた。このむかしながらの槽《フネ》もテコの原理をつかったものから現在は油圧式に進歩している。

〔※27〕精米歩合《せいまいぶあい》

精米后の白米重量を使用玄米重量で割り100を掛けたものが従来からの重量精米歩合。しかしこの方法はクズ米や破砕米、ヌカ化などによる重量減が含まれ正確とは云いがたい。そこで完全粒白米千粒の重量を使用玄米千粒の重量で割って100倍したものがより正確な「真正精米歩合」とよばれている。吟醸酒・純米酒・本醸造酒などの特定名称酒の表示基準の要件のひとつ。

〔※28〕暖気樽《だきだる》

酒母（酛）の加温用に適温の湯をいれて使用する容器。以前は杉樽だったが現在はたいはんが金属製に変わった。

〔※29〕短期醪《たんきもろみ》

清酒醪の発酵型式には「前急」（型）「前緩」「後急」「後緩」「高温短期」「低温長期」などを組合せた各型があるが「前急型（高温）短期醪」は九州など暖地の典型的醗酵型式。暖地のため醪の発酵は前急型になりやすく、また短期型の醪は酒質がクドくなりがちな暖国に適している。

〔※30〕単式常圧釜《たんしきじょうあつがま》

蒸溜するたびに使用する物料（醪）を投入また排出する方式の簡単な構造のむかしながらの蒸溜機

を単式とよぶ。精製の度合はひくいが醗酵による複雑な風味成分のおおくを回収できる利点がある。常圧については〔※25〕を参照。

〔※31〕**炭素濾過《たんそろか》**

出来酒に活性炭を投入し濾過する法。活性炭は色素の吸着がよく、色濃い酒の化粧にはよいが有用な味も香りも同時に抜いてしまうので、使用量には注意がひつようである。

〔※32〕**段仕込み《だんじこ》**

酒造りのスタートとなる酒母（酛）に一度に全使用量の物料（麹・掛け米・仕込み水）を投入することは、酒母のなかの酵母や酸がいっきに薄められて雑菌の汚染をまねきたいへんに危険である。そのために何度かに分けて、酵母の繁殖をまちながら仕込んでゆくことを段仕込みと云う。ふつうは初添《はつぞ》え、仲添《なかぞ》え、留添《とめぞ》えと三回に仕込み、これを「三段仕込み」と云う。このとき初添えと仲添えの間に「踊り」といって仕込みを一日休んで酵母の増殖をまち、計四日で終了する。また投入物料も酵母の増殖をはかる意味でそれぞれ前回の倍倍倍と徐徐に量をふやしながら仕込んでゆく。

〔※33〕**中吟《ちゅうぎん》（中吟醸《ちゅうぎんじょう》）**

精米歩合（〔※27〕を参照）60％以下を吟醸、50％以下を大吟醸とよぶが、このうち吟醸カテゴリーの吟醸酒をさして「中吟」の酒（中吟醸酒）とよぶばあいがある。吟醸香もつよすぎず料理とよく合う酒がおおい。

〔※34〕**ハゼ（破精《はぜ》）**

蒸し米に繁殖する麹菌の形態を云う。米の表面の広がりぐあいを「ハゼ廻《まわ》り」、米の中心に向って菌糸がはいっていく様を「ハゼ込《こ》み」と云う。酒造好適米の項〔※22〕で述べた心白米は中心のデンプン質は粗なためハゼ込みがよい。よくハゼが廻っていてハゼ込みのよい麴を「総ハゼ麴」と云い、糖化力がつよく前急型になりやすい。また酒母（酛）用の麴にむいている。またハゼ込みはよいがハゼ廻りは蒸し米表面に点点と島状に附くものを「突きハゼ麴」とよび低温長期型の吟醸麴として理想的なものである。

〔※35〕**B曲線《ビーきょくせん》**

ボーメ（〔※41〕参照）の切れかたと醪日数の積をグラフ上にプロットし、その曲線によって醪の経過や上槽の時期を判断しようというもの。

〔※36〕**火入《ひい》れ**

清酒出来酒を加熱殺菌し、また残存酵素を不活性化して保存性をたかめるための操作を火入れと云う。ふつう65℃前后に加熱するこの低温殺菌法はワインの保存性をたかめるためフランスのパスツールが発見開発した方法と同一のものだが、日本人はその三百年も前にこの手法を実行していた。

〔※37〕**秘蔵酒《ひぞうしゅ》**

日本酒造組合中央会の表示基準では貯蔵期間が五年いじょうのものとしていたが、この「秘蔵酒」の文字をはじめて使用した大分県国東《くにさき》の「西の関」のお蔵元ではとうじからこの年数には拘《こだわ》らないとしていた。現在この秘蔵酒の表示基準は無効化している。

〔※38〕**袋香《ふくろか》**

醪圧搾機の酒袋や濾布の洗浄不充分により油脂分の酸化臭やその他の異臭がすることがある。これを袋香と云う。それが軽微の匂いのときは他の香りにまぎれて気にならないこともある。

〔※39〕蓋麹《ふたこうじ》（麹蓋《こうじぶた》）

在来の麹造り（製麹《せいきく》）で使用する一升盛り（約２kg前後）の杉材製の浅箱を麹蓋と云い、現在では主として吟醸麹造りに使用され、これを蓋麹法《ふたこうじほう》と云う。その製麹作業は複雑でおおくの人出と手間を要する。

〔※40〕槽場《ふなば》

清酒醪を圧搾する機械の設置してある室や場処。上槽室、圧搾室とも云う。

〔※41〕ボーメ

比重表示の単位。酒造では酒母（酛）や醪中のエキス分（主としてブドウ糖などの糖類）の比重を云う。ボーメの比重計を用いる。「ボーメが切れる」とは醪中のボーメ（糖分）が酵母によるアルコール醗酵のため消費され減少していくことを云う。

〔※42〕菩提酛《ぼだいもと》

中世の「僧坊酒」のひとつである「菩提泉」（菩提酛仕込み）は一段仕込みの酒であるが、その詳細は長享三（１４８９）年または文和四（１３５５）年の著名な『御酒之日記《ごしゅのにっき》』に記されてある。この方法をそのまま酒母（酛）として使用するのが貞享《じょうきょう》四（１６８７）年の『童蒙酒造記《どうもうしゅぞうき》』記載の「菩提酛」である。

〔※43〕宮水《みやみず》

江戸末期、西宮郷の梅の木井戸で山邑太左衛門《やまむらたざえもん》の発見になる酒造好適水。この貝殻層の浅井戸からでる硬水は以后「灘《なだ》の宮水」として水車精米とならび日本一の酒処灘を支える原動力のひとつとなる。

〔※44〕**メーター（日本酒度《にほんしゅど》）**

清酒中のエキス分（主として糖分）の比重。ボーメ計（〔※41〕参照）の目盛を10倍した日本酒度計という浮秤《ふひょう》を用いて酒の甘辛を判断する。浮秤が0《ゼロ》より浮いて－（マイナス）を示せば甘口、0より沈んで＋（プラス）を示せば辛口と表現する。ただし酒の甘い辛いは官能的には糖分の多寡《たか》だけでは決定できず、酒中にある酸の影響を無視できない。すなわちおなじ糖分を含有する酒でも酸（〔※18〕参照）のおおいほうにより辛さを感ずるというものである。ちなみに醪経過中のエキス分はその前半をボーメで計り後半は日本酒度で計る。それだけ醪の前半と後半ではエキス分の量がちがうということである。

〔※45〕**酛《もと》（酒母《しゅぼ》）**

アルコール醗酵の主体である酵母菌を純粋かつ大量に培養するステージ。雑菌汚染防止に重要な役割をはたす乳酸に人工乳酸をつかうか、酒母中に増殖させた乳酸菌由来の天然乳酸をつかうかで二大別される。前者を速醸系酒母《そくじょうけいしゅぼ》、後者を生酛《きもと》系酒母と云う。明治末期に開発された前者速醸系にくらべ、後者の生酛系に属する生酛はより古式である。しかしおなじ生酛系でも山廃酛《やまはいもと》（〔※47〕参照）は速醸酒母とおなじく明治末期の考案となる。なお別項の高温糖化酛〔※14〕は前者速醸系に属する。

〔※46〕**醪《もろみ》（造り）**

麹《こうじ》の項〔※15〕にかいた三ステージ中の最終ステージが「醪」である。ここでは蒸し米（仕込み掛け米）の糖化とアルコール醗酵が仕込みタンク内で同時に進行する。これを「併行複醗酵《へいこうふくはっこう》」と云う。なお「造り」（醪）の関係用語である「段仕込み」「醗酵型式」「B曲線」「泡」「酸（有機酸）」「酸敗・腐造」などはそれぞれの項を参照のこと。

〔※47〕山廃《やまはい》（山廃酛《やまはいもと》）

この山廃酛の属する「生酛《きもと》系酒母」にはほかにより古式な酛造りの「生酛」がある。この生酛の重要作業であるいわゆる「山卸《やまおろ》し」（酛《もと》摺《す》り）が夜間の重労働であったため、この山卸しを廃止した「山卸し廃止酛」の略が「山廃酛」である。蒸し米の糖化促進のためにおこなわれる酛摺りを麹の糖化酵素の力で代用するこの方法は開発当時、「櫂《かい》で潰《つぶ》すな麹で融かせ」と云われたものである。この麹の糖化力利用の蔭には好適米の改良（大粒心白米）や精米技術の進歩（高精白化）があったことは見のがせない。この生酛系酒母からの出来酒は乳酸主体の豊かな酸と複雑な味のふかみある醇な酒がもちあぢであろう。

純米蔵出し
豊の秋
豊の秋

紹介蔵元最新情報

（本文掲載順）

〈その一　秋田・まんさくの花の巻〉

日の丸醸造株式会社

（代表取締役社長　佐藤譲治）

〈製造元〉秋田県横手市増田町増田字七日町114—2
（〒019—0701）
☎0182（45）2005

〈営業部〉秋田県横手市十文字町字麻当60—2
（〒019—0532）
☎0182（42）1335

◆蔵元おすすめの三銘柄

純米大吟醸まんさくの花　山田錦45

数々の受賞歴を誇り、華やかな香りと透明感ある味わいが特徴の純米大吟醸酒です。

純米吟醸まんさくの花　吟丸

穏やかな香りの純米吟醸です。様々なお料理との相性が良く、毎日飲んでも飲み飽きしません。

特別純米酒　うまからまんさく

ただ辛いだけでなく、旨味を意識して醸した辛口酒。食中酒としてピッタリです。

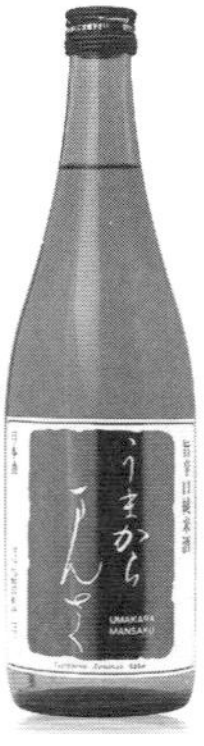

〈その二　山形・栄光冨士の巻〉

冨士酒造　株式会社

（代表取締役社長　加藤有慶）

山形県鶴岡市大山3丁目32—48（〒997—1124）
☎0235（33）3200
FAX0235（33）0477

◆蔵元おすすめの三銘柄

純米吟醸 無濾過生原酒 しぼりたて 仙龍

新酒ならではの鮮烈な味わいと、溢れる旨味をぜひご堪能下さい！

大吟醸 古酒屋のひとりよがり

メロンにも似た華やかな吟醸香と、濃醇な味わい、そして響き渡る様な美しい余韻が特徴の栄光冨士の代表銘酒。

吟醸 庄内誉

庄内の誉れ、ここにあり。お土産にも特別な日の一杯にもオススメの吟醸酒です。

〈その三　福島・蔵粋《クラシック》の巻〉

小原酒造株式会社

（責任者　小原公助）

福島県喜多方市字南町２８４６番地

（〒９６６—００７４）

☎０２４１（２２）００７４（9：00〜18：00）

FAX ０２４１（２２）００９４

E-mail：shop@oharashuzo.co.jp

◆蔵元おすすめの三銘柄

大吟醸純米交響曲　蔵粋

甘さと華やかさを持った果実香が主体。バランスのとれたなめらかな印象の口当たりを持ち、フレッシュな酸を感じる。余韻は長く、終始なめらかな感じは変わらない。

大吟醸純米原酒　ザ・プレミアム交響曲　蔵粋

まったりとした甘さの中に華やかさがある果実香が主体。繊細な中にも味の厚みや濃厚な感じがあり、軽さと重さが一体となったような酸を感じる。

純米原酒プレミアム・アマデウス　蔵粋

香ばしさがあり、複雑性のある穏やかな香が感じられる。最初、旨味を含んだ甘味が、力強く感じられ、次に、旨味のある適度な酸味が、主体となり、バランスの良い苦味が後味にコクを与える。

〈その四　福島・国権の巻〉

国権酒造株式会社

（代表取締役　細井信浩）
福島県南会津郡南会津町田島字上町甲4037
（〒967―0004）
☎0241（62）0036（9：00～17：00）
FAX 0241（62）3878

◆蔵元おすすめの三銘柄

大吟醸　國権

華やかな香りとやや辛口で骨太の味わいが口中に広がります。現在全国新酒鑑評会において10年連続金賞受賞の技をご堪能ください。

純米吟醸　國権

ほんのりと甘みを伴う華やかな香りで、キレのある喉ごしです。杯を重ねても飽きる事がありません。

特別純米酒　國権　夢の香

地元南会津産酒造好適米「夢の香」を100％使用した。スッキリとマイルドな口当たりです。ふわりと広がる旨みをお楽しみください。

〈その五・六　新潟・〆張鶴の巻（1）（2）〉

宮尾酒造　株式会社

（代表取締役　宮尾佳明）

新潟県村上市上片町5―15（〒958―0873）

☎0254（52）5181（平日8：30〜17：00）

FAX0254（52）1433

◆蔵元おすすめの三銘柄

〆張鶴　大吟醸　金ラベル

高品質の山田錦を35％精米し仕込む。年一度11月蔵元出荷の数量限定品。華やかで上品な香り、味わいふくよかな大吟醸。

〆張鶴　純米吟醸　山田錦

大吟醸金ラベルと同じく、山田錦を使用。50％に精米し仕込む。穏やかな吟醸香、やわらかな味わいが特長。

〆張鶴　純

地元産の五百万石を50％精米し仕込む。ほんのりとした香りと旨味があり、まろやかで後味きれいな純米吟醸。

〈その七　新潟・白瀧の巻〉

白瀧酒造株式会社

（代表取締役社長　高橋晋太郎）

新潟県南魚沼郡湯沢町大字湯沢２６４０番地
（〒９４９―６１０１）
フリーダイヤル　０１２０（８５８）５２０
☎０２５（７８４）３４４３（代表）
FAX０２５（７８５）５４８５

◆蔵元おすすめの三銘柄

純米吟醸　上善如水

どんな料理にも合い、日本酒を飲み慣れた方はもちろん、はじめて日本酒を飲む方にも楽しんでいただけるような、澄み切った水の如き日本酒です。

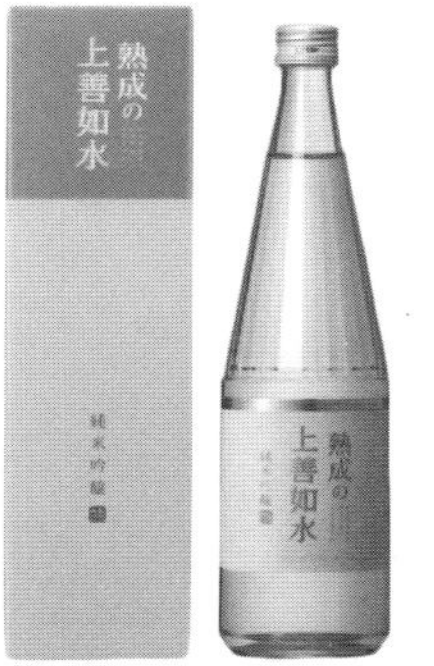

純米吟醸　熟成の上善如水

その名の通り、低温貯蔵により、じっくりと熟成された上善如水です。まろやかな味わいながら、香は熟れた桃のよう。爽やかな酸味の調和が味を引き締めます。

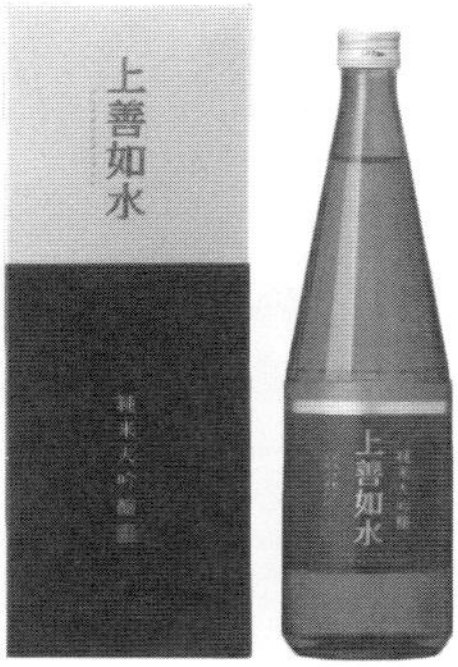

純米大吟醸　上善如水

華やかな香り、酸味の切れ、水のやわらかさ。それらが一つにまとまることで、決定的なお酒となります。特別なお祝いや、大切なあの人への贈り物などにおすすめします。

木戸泉酒造　株式会社

（代表取締役　荘司勇人）
千葉県いすみ市大原7635―1（〒298―0004）
☎0470（62）0013
FAX 0470（62）3300
E-mail：kidoizumi@mail2.bii.ne.jp

◆蔵元おすすめの三銘柄

木戸泉　純米醍醐

木戸泉の看板商品。冷でよし、燗でよし。特にぬる燗での冴えは一献の価値有り。最初から最後まで飲みあきする事無い味わい。

古今（こきん）

昭和天皇の侍従長入江相政氏の命名・揮毫による長期熟成古酒。艶のある琥珀色が熟成期間の永さを想わせる。

純米アフス生

高温山廃一段仕込みという独自製法の濃厚多酸酒。商品名は開発に携わった三名の頭文字（A：安達、F：古川、S：荘司）

〈その一〇　静岡・磯自慢の巻〉

磯自慢酒造株式会社

（代表　寺岡洋司）
静岡県焼津市鰯ヶ島307（〒425—0032）
☎054（628）2204
FAX054（629）7129

◆蔵元おすすめの三銘柄

磯自慢　大吟醸28　Nobilmente

崇高なる透明感の自然な果物香と味わいのバランスをお楽しみください。

磯自慢　純米大吟醸42　Spring Breeze

毎年、早春～の季節に発売。新酒の颯爽とした香りと味わいが楽しめます。

磯自慢　純米吟醸

１９８４年頃に商品化した、磯自慢の原点とも言える純吟です。香味の調和をお楽しみください。

〈その一一　三重・喜代娘の巻〉

清水清三郎商店株式会社（旧・清水醸造）

（代表取締役　清水慎一郎）

三重県鈴鹿市若松東3―9―33（〒510―0225）
☎059（385）0011
FAX059（385）0511

◆蔵元おすすめの三銘柄

作《ざく》　雅乃智《みやびのとも》　中取り　純米大吟醸

雅乃智を製造する過程で、もろみを搾る際最初に出た荒走りと最後の責めの部分を除いた一番クリアな中取りのみのデリケートでエレガントな味わいです。冷やしてお召し上がりください。

作《ざく》　恵乃智《めぐみのとも》　純米吟醸

洋梨の香りとしっかりとした味わいが特徴です。冷やしてもお燗でも美味しく召し上がれます。

作《ざく》　穂乃智《ほのとも》　純米酒

口中で甘いフルーツの香りを感じますが、喉越しが良く後味はすっきりとキレが良い純米酒です。冷やしてもお燗でも美味しく召し上がれます。

〈その一二　京都・月の桂の巻〉

株式会社　増田德兵衛商店

（代表取締役　増田德兵衛）

京都市伏見区下鳥羽長田町135番地
（〒612−8471）
フリーダイヤル　0120（333）632（9：00〜17：00）
☎075（611）5151（9：00〜17：00）
FAX075（611）8118

◆蔵元おすすめの三銘柄

月の桂　祝米・純米大吟醸にごり酒

京都産酒造好適米「祝」を使用。もっとも贅沢な気品あふれる、フレッシュでシャープな味わいを持つ純米大吟醸にごり酒。

月の桂「柳」純米吟醸酒

純米吟醸酒特有の高い香りと深い味わいを持つ逸品。淡麗辛口の中にあっても月の桂独自のキラリとした個性が光る。

月の桂「稼ぎ頭」

これが日本酒それともワイン⁉　果実のようなすっきりとした酸味と米本来のなめらかな丸みが口中に広がる上品な味わい。

〈その一三　香川・綾菊の巻〉

綾菊酒造　株式会社

（代表取締役　岸本健治）

香川県綾歌郡綾川町山田下3393—1

（〒761—2204）

☎　087（878）2222

FAX　087（878）1655

◆蔵元おすすめの三銘柄

大吟醸　重陽

地元、香川県産米「オオセト」を使用した大吟醸

やわらかな吟醸香と、まろやかな味わい

特別純米　おいでまい

地元、香川県産米「おいでまい」を使用した特別純米酒

米の旨みと、しっかりとした酸が特徴

純米酒　がいな酒

地元、香川県産米「さぬきよいまい」を使用した純米酒

旨味と酸味のバランスが良いやや辛口のお酒

〈その一四　香川・金陵の巻〉

西野金陵 株式会社

（代表取締役社長　西野寛明）

香川県仲多度郡琴平町623番地（〒766—0001）
フリーダイヤル　0120（64）1336（平日9：00〜16：00）（土日祝9：00〜18：00）
☎0877（73）4133（代表）

◆蔵元おすすめの三銘柄

金陵　純米吟醸　濃藍

爽やかな個性際立つ。華やかな果実香となめらかな旨みが調和し、お肉や洋風料理にも合います。

純米大吟醸　煌金陵

一滴一滴に手造りの技と心が息づいている。果実の香りにハーブなどの爽やかさが感じられ、すっきりとした喉越しのお酒です。

金陵　特別純米　千歳緑

いつもそばに置いておきたい。穏やかでふくよかな香り、コクの中にも心地良い酸味がのど越しの良さを感じさせます。

〈その一五　愛媛・梅錦の巻〉

梅錦山川 株式会社（旧・山川酒造）

（代表取締役　藤原康展）

愛媛県四国中央市金田町金川14（〒799―0194）
☎ 0896（58）1211（代表）
FAX 0896（58）3171

◆蔵元おすすめの三銘柄

梅錦　純米吟醸原酒　酒一筋

原酒ならではの濃厚な香りと、それに負けない押しの強い旨味を持つ、純米吟醸原酒。

梅錦　大吟醸　究極の酒

周囲に発散する香気の強さ、崩れることのないしっかりした味わいで、大きな存在感を誇る大吟醸酒。

梅錦　純米大吟醸

深く厚みのある味わい、それでいてキレていく「味吟醸」の魅力を伝える、梅錦の「赤箱」

〈その一九　島根・豊の秋の巻〉

米田酒造株式会社

（代表取締役　米田則雄）

〈本店〉島根県松江市東本町三丁目59番地
（〒690—0842）
〈酒造〉島根県松江市南田町41番地
（〒690—0884）
☎0852（22）3232
FAX 0852（22）3233

◆蔵元おすすめの三銘柄

大吟醸　豊の秋

香り高い吟醸香と、口当たり確かな存在感のある旨み、爽快な後味のキレの良さは逸品。複雑で絶妙なバランスのとれた味わいです。

豊の秋　純米吟醸　花かんざし

華やかな香りを漂わせながらも、控え目で穏やかな味わいが特長の純米吟醸酒です。

豊の秋　特別純米酒　雀と稲穂

「ふっくら旨く、心地よく」このポリシーを忠実に表現した酒。ご飯を噛みしめた時のようなやわらかな旨味の酒で、燗上がりの酒。

〈その二〇　島根・李白の巻〉

李白酒造　有限会社（旧・田中酒造）

（代表取締役　田中裕一郎）

島根県松江市石橋町３３５番地（〒６９０―０８８１）
☎０８５２（２６）５５５５
FAX ０８５２（２６）５５５７

◆蔵元おすすめの三銘柄

李白　大吟醸　月下獨酌

やさしいながらも芯のしっかりとした味わい、たおやかな香りがバランスよい大吟醸。

李白　純米吟醸　Wandering Poet

世界で愛される地酒。特定名称区分が出来た頃からあるお酒で、以前は「超特撰」の名でした。

李白　特別純米酒

程よい旨味とすっきりとした後口。食中酒として様々な料理と相性良い、李白のオールラウンダー。

〈その二一　福岡・繁桝の巻〉

株式会社　高橋商店

（代表取締役社長　中川拓也）

福岡県八女市本町2—22—1（〒834—0031）

☎0943（23）5101（8：30〜17：00）

FAX 0943（22）2344

◆蔵元おすすめの三銘柄

繁桝　クラシック特別純米酒

福岡県で開発された酒造米「夢一献」を使用した純米酒です。やや辛口でふくよかな旨みと爽やかな喉ごしのお酒です。

繁桝　純米大吟醸50

ほんのり果実に似た香りとふくよかな味わいがバランスよくまとまっている純米大吟醸です。

大吟醸　箱入娘

名前のとおり大切な愛娘を育てるように酒造りの技を尽くした贅沢なお酒です。

〈その二三　佐賀・天山・窓乃梅の巻（1）〉

天山酒造　株式会社

（代表取締役　七田謙介）

佐賀県小城市小城町岩蔵1520（〒845－0003）
☎0952（73）3141
FAX 0952（72）7695

◆蔵元おすすめの三銘柄

大吟醸　飛天山

ゴージャスで豊かな香りとシルクのようななめらかさは絶品です。各種コンテストでも高い評価を頂いている最高品質の大吟醸酒です。

七田　純米吟醸　火入

華やかで爽やかながらも、米の旨味がしっかりと味わえる純米吟醸酒です。

超辛口　天山

ただ辛いだけの日本酒を卒業した方へおすすめの「辛くて旨いお酒」です。冷やにして良し、燗にしてなお良しの本醸造です。

〈その二三　佐賀・窓乃梅の巻（2）〉

窓乃梅酒造　株式会社

（代表取締役社長　古賀醸治）

佐賀県佐賀市久保田町大字新田1833―1640番地
（〒849―0203）
☎0952（68）2001
FAX0952（68）4084
E-mail：koga@madonoume.co.jp

◆蔵元おすすめの三銘柄

純米大吟醸　花乃酔

佐賀県産「山田錦」を45％精米歩合で仕込んだ純米大吟醸です。華やかな吟香と味わい深いキレの良い旨さが特徴です。食前、食中酒に適しています。

純米吟醸　窓乃梅

佐賀県産「西海134号」を55％精米歩合で仕込んだ純米吟醸酒、華やかな香りと味わい深い旨さが特徴です。幅広いシーンに適しています。

特別純米　窓乃梅

佐賀県産「佐賀の華」を60％精米歩合で仕込んだ特別純米酒、芳醇で深い味わいのコクと旨さが特徴です。食中酒に適しています。

〈その二四　熊本・香露の巻〉

株式会社

熊本県酒造研究所

（代表取締役　吉村浩平）

熊本県熊本市中央区島崎1—7—20
（〒860—0073）
☎　096（352）4921
FAX　096（352）4949

◆蔵元おすすめの三銘柄

純米吟醸　香露

穏やかな香りとコク、余韻のある純米吟醸独特の風味。

特別純米　香露

吟醸用熊本酵母が醸し出す深い味わいと快い酸味。ぬる燗で美味しさなお増す。

本醸造上撰　香露

伝統の手造りの技術を生かし、阿蘇の伏流水と熊本酵母によって醸し出された芳醇、旨口の本醸造酒。

〈その二五　熊本・千代の園の巻〉

千代の園酒造　株式会社

（代表取締役　本田雅晴）

熊本県山鹿市山鹿１７８２番地（〒８６１―０５０１）
☎０９６８（４３）２１６１
FAX０９６８（４４）７３００

◆蔵元おすすめの三銘柄

大吟醸　Excel

コルク栓を使い瓶囲い製法で、半年ほど熟成させた大吟醸です。丸みのある落ち着いた味わいで、芳醇な果実香もお楽しみ頂けます。

純米酒　朱盃

優しい口当たりと飲み口スッキリの純米酒です。純米酒の持つ味の厚み、コクを感じながら燗酒としても美味しくいただけます。

純米吟醸　熊本神力

酒造好適米の元祖と言われる幻の酒米神力を復活させて醸した、米の旨味と熊本酵母のバランスの取れた吟醸香が特徴のお酒です。

〈その二六　大分・西の関の巻〉

萱島酒造　有限会社

（代表取締役社長　萱島進）

大分県国東市国東町綱井３９２―１
（〒８７３―０５１３）
☎０９７８（７２）１１８１
FAX ０９７８（７２）１１８２
E-mail：info@nishinoseki.com

◆蔵元おすすめの三銘柄

西の関　大吟醸　秘蔵酒

昭和38年の発売以来、54年目を迎えた超ロングランのお酒。大吟醸のゆったりした熟成は趣きのある豊かな味です。

西の関　手造り純米酒

九州型日本酒の酒造りを目指す「西の関」。九州男児が気合いを入れて仕込んだメリハリのあるお酒。

西の関　千三百年の祈り　特別本醸造

神仏習合の地「国東」。六郷満山が開かれ１３００年。包みこむようなふくよかなお酒を蔵出ししました。

〈その二七・二八　鹿児島・太古屋久の島の巻(1)(2)〉

本坊酒造株式会社

（代表取締役社長　本坊和人）

〈本社〉鹿児島県鹿児島市南栄3丁目27番地
（〒891―0122）
☎099（210）1210
FAX099（210）1216
〈屋久島伝承蔵〉鹿児島県熊毛郡屋久島町安房2384
（〒891―4311）
☎0997（46）2511（9：00〜16：30）
FAX0997（46）2686

◆蔵元おすすめの三銘柄

黒麹仕立て桜島

焼き芋を思わせる香ばしさと、濃厚なトロリとした甘さと旨さを持つ、黒麹の特徴を存分に生かした薩摩の本格芋焼酎。

あらわざ桜島

南薩摩産さつま芋「黄金千貫」を原料に、特許「磨き蒸留」により、フルーティーでクリアな味わいへと仕上げた本格芋焼酎。

太古屋久の島

甘く柔らかな屋久島の水と良質なさつま芋を原料に、手造り甕壷仕込みならではの甘みとコク、うまみを持つ屋久島産本格芋焼酎。

〈その二九　焼酎の旅／熊本・球磨《くま》の泉の巻〉

有限会社　那須酒造場

（代表　那須富雄）

熊本県球磨郡多良木町久米695番地
（〒868―0503）
☎0966（42）2592
FAX 0966（42）2592
E-mail：nasu4998@ybb.ne.jp

◆蔵元おすすめの三銘柄

球磨の泉　常圧蒸留　25度

当蔵手造りの技で仕上げた常圧蒸留焼酎。深い風味と長期貯蔵によるまろやかな味わいをお楽しみ下さい。

球磨の泉　常圧蒸留　原酒41度

蒸留したままの一切加水しない原酒。通常より深みのあるコクや旨みが溢れています。焼酎通の方向きです。

球磨の泉　減圧蒸留　25度

当蔵手造りの技で仕上げた減圧蒸留焼酎。軽快でフルーティな風味は食事ととても相性良くお楽しみ頂けます。

あとがき

ここまでよんでくださった文章が吟醸酒全盛の時代にかかれたことは先にふれておきました。

またよくよくお蔵の在処を見てみると、北（東）の山や酒や蕎麦にひごろ親しんでいるはずの筆者にして、なぜか四国、山陰、九州と南（西）の酒蔵がおおく登場するのです。西のかたにはおこられそうですが、いくつかのこころに掛かる山を除いて、西方にはあまりころ引かれる山もありません。しかしこれにもそれなりのワケがあります。山のぼりのために訪れることのすくなかっただけに、全国の蔵繞りをはじめてみると、スッポリと魅力的なおおくの西のお蔵が抜けていたのです。未知を探究することのすきなやまのぼりとしては、これは行かねばなるまいというワケです。とうとう絶海の孤島屋久島にまでなんども足を運ぶことになってしまいました。

さてそんなふるい時代の蔵繞りですが、とても気にかかることがあります。それというのは、先を見据えて日び精進なさっている現在のお蔵にとって、過去のはなしを語られることが、あるいはたいへんなご迷惑になっていはしまいかという危惧の念です。それについては「まえがき」にかきました筆者のおもいをお汲みくださり、どうかご寛恕くださるよう願うばかりです。

なお、〈その八〉ならびに〈九〉の「木戸泉の巻」は他巻とことなり、約十年のち平成十二年の執筆であることをご諒承ください。そのためもあって他巻における吟醸酒主体の時代から、いよいよ醇な酒も語れるときがやってきました。

原文を本書にするにあたり、冗饒とした部分を削除し、少少体裁をととのえたことをかきそえておきます。また本文文頭の年月日は取材時のもので、かならずしも初回訪問時のものではないこともおことわりいたします。

さいごになりましたが、「南極」「食養」「酒蔵めぐり」と三部作終巻となるこの本の出版まで、ふかいご理解といつも温かいまなざしでみてくださっていた雄山閣会長の長坂慶子さん、社長の宮田哲男さん、むろんスタッフのみなさん、ほんとうにありがとうございました。衷心よりお礼もうしあげます。

平成二十九年五月末日

遠地庵草舎にて

古山勝康（新平）識

【著者紹介】

古山勝康（ふるやま˙ かつやす）

1948年千葉県生まれ。千葉県立千葉高等学校卒。

1987年11月より1989年3月まで、文部省第二十九次南極地域観測隊あすか基地越冬隊員（設営・調理担当）として勤務。

元日本ソムリエスクール校長。食養（食物と飲料の秩序）研究者。

リマ・クッキングスクール師範科特別講師。

千葉県千葉市中央区在住。


〈主な著書〉

『醇な酒のたのしみ』『白い沙漠と緑の山河—南極‼ 極寒のサバイバルを支えた酒と食—』（いずれも2013年・雄山閣）『お酒をやめないで健康に生きる』（原作・監修／酒と健康を考える会編・2016年・サンマーク出版）

平成29年7月31日 初版発行　　《検印省略》

ちょっとむかしの酒蔵《さかぐら》の旅《たび》
—古山新平《ふるやましんぺい》の日本縦断蔵《にほんじゅうだんくら》めぐり—

著　者　古山勝康〔新平〕
発行者　宮田哲男
発行所　株式会社 雄山閣
〒102-0071　東京都千代田区富士見2-6-9
電話 03-3262-3231㈹　FAX 03-3262-6938
http://www.yuzankaku.co.jp
E-mail　info@yuzankaku.co.jp
振替：00130-5-1685

印刷・製本　株式会社ティーケー出版印刷

ISBN978-4-639-02503-0　C0095
230p　19cm

古山勝康の本

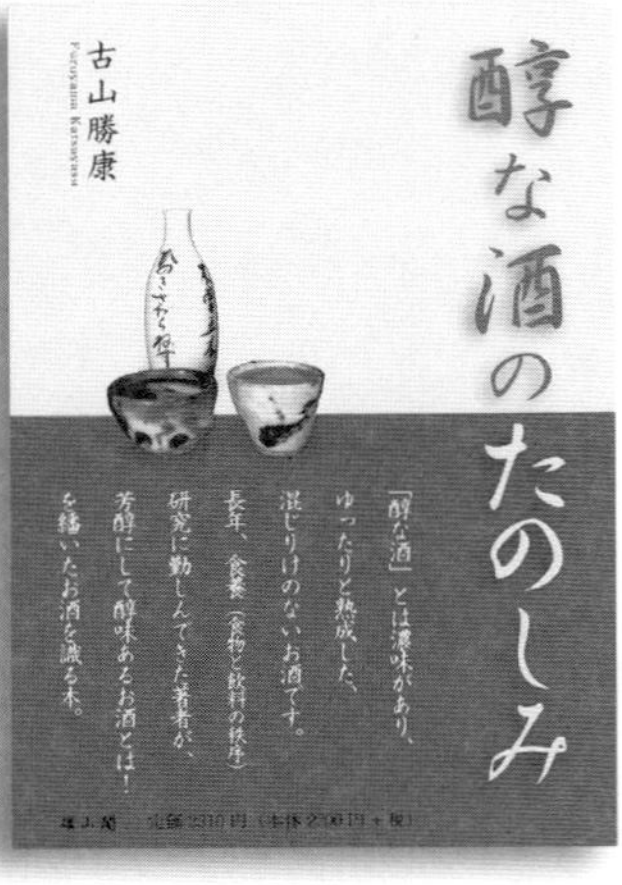

醇な酒のたのしみ

「醇《じゅん》な酒」とは濃味があり、ゆったりと熟成した、混じりけのないお酒。長年、食養（食物と飲料の秩序）研究に勤しんできた著者が、芳醇にして醇味のあるお酒とは！を繙いたお酒を識る本。

定価（本体2200円＋税）／四六判／190頁

ISBN 978-4-639-02277-0

白い沙漠と緑の山河
—南極!! 極寒のサバイバルを支えた酒と食—

南極では隊長は父親、調理隊員は母親と言われる！ 越冬隊員の英気を養い、安らぎ満たした腕と心いき。〝世界中の銘酒を南極に初めて持ち込んだ男〟のつれづれ草！

定価（本体2800円＋税）／A5判／192頁

ISBN 978-4-639-02280-0